U0002735

管理者的養成

調心性、增能力、順組織、定方向、解危機，程天縱的40堂主管必修課

程天縱——著

目錄

推薦序　管理者的自我養成寶典／何飛鵬　7
代序　管理者自我養成所需的知識與心理建設／傅瑞德　11

CHAPTER 1 如何成為好的管理者？

1　管理者的時間都花到哪裡去了？　17
2　管理者必須具備的兩項基本能力　26
3　「可信度」是職場上最重要的一門課　34
4　最真實的一剎那　42
5　你真的瞭解自己嗎？　50
6　如何瞭解自己？　56

7 如何調整自己，成為一個「無我」的人？ 68
8 服務別人，成就自我 77
9 自我反省，改變自己 82
10 管理工作的PDCA 88
11 管理者的責任有多大？ 94

CHAPTER 2 組織的橫向溝通——從我確診的經歷談起

12 流程設計中「不拉馬的兵」 105
13 組織架構學問大 110
14 流程打破橫向合作的高牆 119
15 企業成長的四個階段 125
16 如何知道身在哪個階段？ 133
17 政府體制與成長階段的關係 140
18 辦公室裡的人都在忙什麼？ 146

CHAPTER 3

找到企業經營的航線

19 在惡劣的環境中，找到自己最好的航線 161

20 企業治理的基礎，源自對價值觀的堅持 170

21 「會拉馬的兵」怎麼不見了？ 176

22 學習用「大系統觀」來看產業 184

23 企業長久經營的大原則：化繁為簡 193

24 企業應該專注，還是發散？ 202

25 讓企業的轉型升級成為日常 209

26 客戶要回扣……怎麼辦？ 218

27 激勵措施：不僅獎賞個人，更要獎賞價值觀 227

28 論價值之一：書的價值在哪裡？ 232

29 論價值之二：「感知價值」是決定價格與獲利的關鍵 245

CHAPTER 4

應對危機的方法——從疫情升級的各項措施來談

30 短中長期的規劃，缺一不可 257
31 電子業的採購經驗與供應鏈管理 260
32 跨界才能創新：跨部門合作的總體戰 266
33 中央與地方的分工 272
34 世界上有沒有「缺貨」的問題？ 278
35 中央和地方的責任與授權 286
36 指揮中心的使命與目標：兼論組織架構與時間跨度 292
37 如何化危機為轉機？ 304
38 如何選出「對的人」：專業、能力、意願、動機 317
39 「選育用留」之一：如何培養對的決策者？ 323
40 「選育用留」之二：投資人力資本，建立內部培訓機制 331

後記 觸發動機，帶動能力，繳出成果 341

推薦序

管理者的自我養成寶典

何飛鵬／城邦媒體集團首席執行長

這次疫情帶給企業和每個人非常大的挑戰，很多新的趨勢、潮流來得快又猛，例如缺工、遠距辦公等。然而在疫情期間，程天縱先生仍持續筆耕，無私分享他的職場智慧與實務經驗，天縱兄自二〇一五年在臉書（Facebook）發表文章，迄今已八年，強烈的傳承動機，令人感動、佩服。

本書第一章談「如何成為好的管理者？」這是基層主管的個人修練，也是有志於升任主管者必修的預備課程，提醒讀者該有的能力準備和心態。天縱兄提到主管的時間分配，以及專業工作與管理工作之分，我很有共鳴。

在一般組織中的升遷邏輯，通常是把部門中做得最好的工作者升為主管，升遷之前幾乎沒有職前訓練，因此大多數人是糊里糊塗地被升上主管。在跌跌撞撞自我摸索一段時間後，才忽然發現「當主管」是另一種專業。

我工作不到一年就升為主管，我是不需要主管督促的工作者，因此當了主管也不知道要督促同事，剛開始時是個災難，讓我很掙扎、困惑。於是我下決心學習，花了很多年才瞭解「主管學」博大精深，希望後來者不要和我一樣一身傷痕、浪費時光。第一章所提到的工作能力與服務心態，就是非常重要的基礎。

當一個小主管能夠領導部門交出卓越的成果後，就有機會進一步得到升遷，擴大管理幅度，成為跨單位、跨部門的主管。此時要面臨的一大難題，是各單位間的橫向溝通，這是第二章的主題。天縱兄從兩方面拆解，一是組織架構與設計，一是從「人的成長階段」來探討，如天縱兄所言，組織不外乎由人與事交織，好的組織架構雖然能促進橫向溝通，但能否成功的關鍵還是在人。

第二章的問題是發生在組織內部，但主管同時也要面對外部。我認為職場工作者有三個層次，第一個層次是成熟的工作者，不論是從事生產、行銷、財務……都能把工作做好。第二個層次是小主管，能做好團隊的管理工作。第三個層次是運用想像力、創造力，對外尋找商機，擴大組織的營運規模，提高組織的獲利。

第三章談的，就是從「做事」、「管理」，更進階到「經營」。管理是減法，減成本、減費用，目的是要以更少的投入，得到一樣的成果，甚至更好的成果。而經營是加法，要用創新的做法，創造更大的業績，爭取更大的生意，推動組織成長。主管要能成為經營的人才，具備生意的敏感度，才能升為高層的決策者。

然而外部環境始終在變動，有時會帶來非常大的衝擊，就像這次的疫情，為許多企業帶來很大的危機。第四章的主題便是應對、解決、度過危機的方法。然而關鍵還是在人，因此最後兩篇關於人才「選育用留」的文章，非常重要。

我們集團內有一本創刊三十多年的雜誌，從八、九年前開始虧損，因為珍惜這本刊物的歷史，我們始終沒有停刊的打算，想盡辦法要逆轉這份刊物的營運。前後換了兩、三位總經理，做了許多改變，但效果有限。後來我們決定不外求，而是把原本的總編輯升為總經理，沒想到這份刊物的命運就此轉變。

刊物的視覺開始出現很大的突破，讓整個雜誌煥然一新，吸引各大時尚品牌爭相合作。這位總經理除了發展數位多媒體，也反其道而行，推出報紙型特刊，透過報紙全幅的版面，高度展現了時尚品牌的設計感，讓特刊也成為時尚品牌爭取合作的對象。經過這位總經理大刀闊斧的改革，這份刊物在二〇二〇年重回損益兩平，到了二〇二一年疫情肆虐時，竟然還逆勢成長，出現明顯的獲利。這位總經理非常擅長以極低的成本完成工作，他控管成本的能力，一向非常突出。除此之外，他說之所以能翻轉三十多年的老刊物，還要靠創意與風格。

這個例子就說明了人才的重要，人對了，事情就會變對。關於人才的選育用留，這次收錄的文章並不多，讀來意猶未盡。

這本《管理者的養成》是天縱兄的第七本著作，四個章節、四十篇文章，由基層到高層，由個人、組織內到組織外，依序鋪排。天縱兄又一次以原創、兼具理論與實務的文章，成就一本不可錯過的作品，值得所有職場工作者、管理者細心研讀、推敲。

天縱兄此次重回職場，擔任上市公司董事長，能夠一展長才，將四十年的智慧與經驗融合應用，我非常期待天縱兄後續的著作，有更多好文章和讀者們分享。

代序

管理者自我養成所需的知識與心理建設

傅瑞德

《管理者的養成》是我為程天縱老師擔任初稿編輯的第七本書，而作為程老師的學生，我覺得為他的新書寫序越來越難。

過去每次為程老師寫介紹或序文，總會提到我與程老師至今七年、七本書的緣分，而且仍然在著作上和工作上持續之中，也不免提到他作為我年過五十之後才遇見的恩師，對我來說有多大的啟發和影響。

上次幫程老師寫序，是二〇二〇年《創客創業導師程天縱的職場力》一書，在那篇序文中，我將與程老師的情緣介紹得十分詳細，所以在此就不多贅述了。在那之後，程老師還出版了《創新有理》一書，以製造業、餐飲業，以及政治、宗教、生活等人文角度創新為主，兼談對當時蔚為風潮的Metaverse各種角度的觀察。

之所以會提到這兩本前作，是因為它們都是在疫情肆虐最大的這兩年間出版，角度也稍微回到了程老師「協助新創」的初衷，從既有的市場和生活觀察出發，帶領讀者重新回顧「創新」的意義。

在疫情期間，程老師仍然持續寫作，並且以此為契機，結合個人觀察和管理知識，寫出了本書的第四章「應對危機的方法：從疫情升級的各項措施來談」。雖然這一章是以「疫情」為引子，但其實可以將它代換成任何企業在中長期可能遭遇的危機。我們可以將台灣或是任何區域視為一個企業，並且反省在遭遇連續三年，甚至更長期間，而且幾乎沒有企業可以置身事外的逆境時，應該如何迅速應變、化危機為轉機？

在這一章中，程老師提供了一部分的答案，而其餘的就得由從事不同行業的你從這些提點出發，在度過這三年的驚濤駭浪之後，重新整頓企業體質和應變能力，在下一波可能的衝擊之中持續生存成長。

而說到整頓企業體質、蓄積應變能力，除了健全的產品、商業模式、財務規劃，以及持續的品牌行銷等顯而易見的要素之外，最重要的不外乎管理者的養成、訓練，以及預先儲備。

因此這也就回到了本書前面三章的主題：「**如何成為好的管理者**」（尚未成為管理者的讀者認知）、「**組織的橫向溝通**」（已經是管理者的讀者自省），以及「**找到企業的航線**」（管理者如何運用資源、帶領企業團隊前進）。讀完前面三章，再繼續閱讀我原本作為引子的第四章「**應對危機的方法**」，如何成為管理者，以及成為管理者之後應該如何處事，這樣的成長輪廓就變得非常清晰。

雖然在我編修本書的初稿時，收錄的各章之間還沒有明顯的匯集，但在全書逐漸成形的過程中，以及商周編輯的用心梳理之下，程老師多年來一以貫之與後輩分享的「協助養成管理者與專業經理人」這個主題，就如同我們駕船逐漸駛近的蓊鬱海島一樣，從遠處的海平面上逐漸浮現了。

我有幸擔任程老師至今七本著作的初稿編輯，就等於反覆經歷了七次這樣「主題—發散—收斂—開悟—反省」的過程。雖然自己也有三十年的工作經驗，但也不得不說仍然獲益良多，而且更打開了眼界。甚至我也必須承認的是，在自己最近也即將出版的《傅瑞德的硬派行銷塾》這本新書中，關於「行銷主管養成」，以及「企業和品牌的影響力與責任」等相關部分，在管理觀念方面也深受程老師的指導和影響。

我衷心希望身為讀者的您，能夠擁有跟我一樣的幸運，在這七本書之中獲得身為經營者、專業經理人或職場新手所需的知識和心理建設，無論目前資歷深淺，都能將自己養成為平時高效率工作、面對困難時仍然游刃有餘的管理者。

祝您閱讀愉快、時有所得！

CHAPTER

如何成為好的管理者？

1 管理者的時間都花到哪裡去了？

許多中小企業在將基層員工晉升為部門主管之前，都沒有提供必要的管理訓練。雖然這些員工在工作上都有優異表現，但企業對於「管理者」和「個人貢獻者」的期望卻有很大的差異，也因而導致兩種極端錯誤的出現。本系列文章將陸續深入探討管理工作的意義，為企業主管打下堅實基礎。

有個喜歡打獵的人，經常在美國深山裡打獵，他有個願望，就是有一天能到非洲去打獵。

有一天，他的願望終於成真，跟著朋友到非洲去打獵。他們到了一個部落，跟當地酋長租了一隻獵犬，名字叫做「業務員」（salesman），每天的租金是一百美元。「業務員」果然訓練有素，每次都把受傷的獵物咬回人的跟前，使得獵人非常滿意。非洲打獵之行結束之後，獵人也就圓滿愉快地回到美國去了。

第二年同樣時間，獵人和朋友又到了非洲，找到了部落酋長，希望再次租用「業務員」。但是酋長對著他們搖搖頭說：「『業務員』由於表現太好，我們已經把牠晉升為『資深業務員』了，租金也提高為每天二百美元。」獵人想想，非洲之行就這麼幾天，比起旅費和住宿來說，多花個幾百美元在一隻好的獵犬上，實在不算什麼，為了能有一次滿意的打獵之行，也就答應了。

第三年，獵人和朋友又回到了非洲，找到了部落酋長，開口指定要租「資深業務員」。酋長望著他們又搖了搖頭說：「由於『資深業務員』表現實在太優秀了，我們已經升牠為『業務經理』。」

獵人的情緒上來了，立刻插話說：「不用再說了，租金又漲了是不是？現在一天要多少錢？」酋長回答：「現在不是錢的問題了！自從晉升為『業務經理』之後，即使花再多的錢，牠也都不再出去打獵，每天就是蹲在狗窩前面，對著來來往往的人和牲畜狂吠。」

這個故事隱含的意義，在於如果沒有經過事先的培訓，就將基層員工晉升為部門主管，就可能犯下的一個極端錯誤。

兩種新科主管

根據經濟部《二〇二〇年中小企業白皮書》資料顯示，二〇一九年台灣中小企業家數為一百四十九萬一千四百二十家，占全體企業九七．六五％，中小企業就業人數達九百零五萬四千人，占全國就業人數七八．七三％。

根據我過去接觸許多台灣中小企業員工的經驗，大部分中小企業都無法提供完整的工作訓練課程給員工，更遑論將基層員工晉升為部門主管之前，所必須提供的管理訓練。

在中小企業之中，通常獲得晉升的基層員工，都是在工作上有優異表現的，但公司對於「管理者」和「個人貢獻者」的期望，以及兩者的工作內容，都有很大的差異。沒有經過管理訓練的主管，在就任以後就會出現兩種極端的錯誤表現。

一、不做管理工作的主管

人性就是習慣做自己擅長的事，員工由於在基層工作上表現優異，因此被晉升為部門主管，但公司如果沒有給予適當的管理訓練，那麼新上任的主管，就會繼續做原來在基層職務上做得好的事情，而不做任何部門管理的工作。

原來是平行位階的同事，現在成了自己的屬下，當他們提出任何問題或需求的時候，新任主管往往會覺得「與其指導他怎麼做，還不如自己動手把事做掉比較快」。

於是這位新上任的主管，就變成了「攬事」，部門裡較困難的工作、專業上比較難的問題、難處理的客戶和客訴等，就都由新主管來解決了。如此一來，部門屬下也樂得輕鬆，覺得「就讓新主管來解決吧」，於是部門的管理工作沒有人負責，員工也不會有進步。

二、只做管理工作的主管

這就是前面非洲打獵故事的寓意：沒有經過管理訓練的新主管，所容易犯下的另一種極端錯誤。

這類主管抱著「媳婦熬成婆」的心態，將部門的工作全部分配給屬下去完成。由於自己不瞭解應該如何做部門管理的工作，只能每天坐在辦公室裡指東罵西，不再出去打獵了。

職能工作vs.管理工作

在企業內升任主管後，撇開產業、產品、技術、功能等專業領域不談的話，主管每天的公務工作可以簡單分為兩大類：

一、職能工作（vocational work）；

二、管理工作（management task）。

「職能工作」就是成立部門所需產生的「增值活動」（value-added activities），包括「有效時間」

（productive time）和「無效時間」（unproductive time）之中，部門員工所從事的種種活動。

其中所謂「有效時間」，就是「有產值產生」的時間，以銷售單位而言，通常都是與客戶面對面、電話聯繫、電話或視訊會議等的時間。

例如銷售人員拜訪客戶的時間，就是有效時間；軟體支援工程師在為客戶做軟體升級或是錯誤處理時，就是有效時間；硬體維修工程師為客戶進行預防維護或是問題排除，就是有效時間。

至於內部會議、查找資料、學習新產品、往返客戶端的交通時間、吃飯休息等，則都被歸類為沒有產出、沒有產值的「無效時間」。

如果讀者有興趣瞭解「時間分析」這個主題，請參考《創客創業導師程天縱的管理力》中〈時間都去哪兒了？〉這篇文章。

至於「管理工作」，大致可以分成四大類：

一、計劃（planing）；

二、組織（organizing）；

三、領導（leading）；

四、控管（controlling）。

這些管理工作將於接下來的本系列文章中，再深入說明討論。

時間分配

從我過去的經驗中總結出來，最基層的管理者至少要用五〇％的時間做管理工作，其他的時間則用在職能工作上，這樣才能讓新上任的管理者，能和屬下的員工順利磨合。

而隨著職位步步晉升，主管的工作範圍（job scope）越來越大，責任越來越重，負責的營收獲利數字和部門員工人數也大幅度增加，花在管理工作上面的時間比例也會逐步上升。

最頂層的職位，管理工作時間比例有可能達到九〇％以上，但是永遠不可能達到一〇〇％。因為，即使貴為董事長、執行長，仍然必須抽出時間來拜訪重要客戶、投資者、參加員工大會、參加行業活動等，為公司創造形象。

圖1-1可提供讀者們參考，依各別企業的產業別、產品別、規模、環境，而有所改變。

管理時間差距

由於台灣中小企業的資源有限，或是源於創業老闆本身對管理工作的不瞭解與忽視，因此對於部門主管的管理培訓不夠，造成企業管理制度和實務上的缺失。這個問題的具體狀況，從主管的時間分配就可以看得出來，普遍覺得主管花在管理工作的時間遠遠不足。

這種現象，可以從圖1-2中的管理時間差距顯示出來。如果企業老闆們有興趣的話，也可以做個「管理時間統計分析」，得到各自企業中不同層級主管的時間分配比例。

最近台灣的企業都非常重視管理培訓，不僅老闆親自參加各種EMBA、CEO班、總裁班、商學院課程，甚至安排企業二代、高階主管參加以上課程，以提升企業管理效率，達到轉型升級、增強競爭力的目標。

但是坊間這些培訓課程，大都是邀請產官學研界的大老，發表極為宏觀的世界局勢分析和經濟政策理論研究；比較學院派的，則以歐美大型企業或

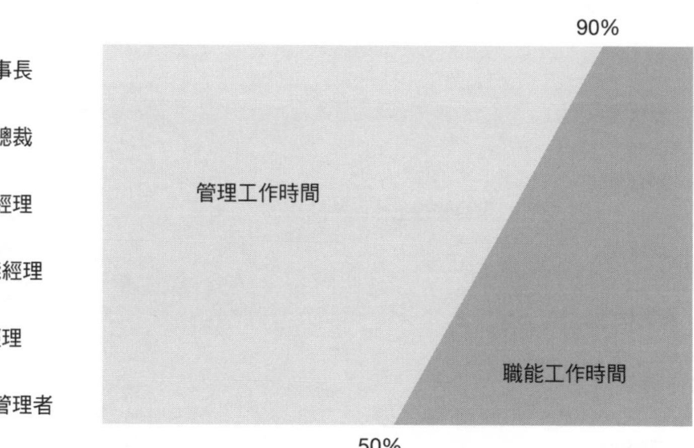

圖1-1：管理者的時間分配

新創企業的案例，作為課程的內容。

我曾經在企業診斷的案例中發現，老闆參加了很多工商管理課程，然後將所學到的各種理論和方法都在企業內實施，好像各種理論方法都是萬靈仙丹，一股腦兒都吃了，希望至少是「有病治病，無病強身」。但是這麼做會產生兩個問題：

一、企業的資源都是有限的，如此亂槍打鳥，員工和主管都會搞不清楚方向、沒有優先次序，而且不符合公司現況，浪費了大量的資源。

二、歐美企業的管理水準普遍比亞洲企業來得高，就如同武術裡的馬步和內功基礎打得好，接著練習上乘的武功，自然容易得多。但大部分台灣中小企業的基礎管理能力不足，在全盤接受西方企業的理論方法時，就可能漏洞百出。

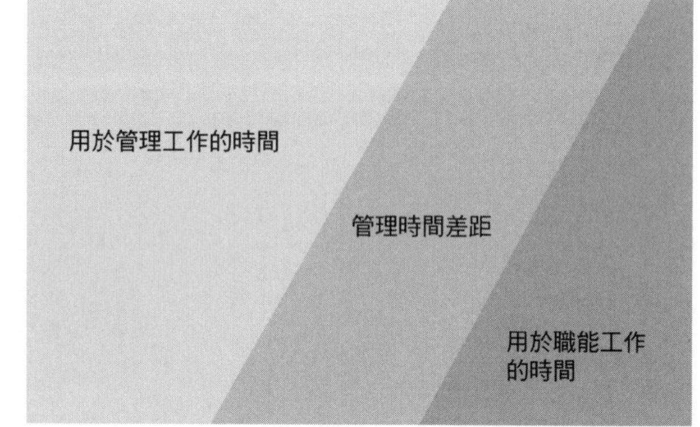

圖 1-2：管理時間差距

結語

一、執行企業賦與的「工作」（tasks）：這就是本篇文章討論的重點，分為「管理工作」和「職能工作」，管理者必須充分瞭解「管理工作」的內容，然後給予合理的時間分配。

二、管理部門的「人」（people）。

三、在所負責的部門範圍內，推動「價值觀和企業文化」（values and culture）的建設。

在接下來的文章中，我們再來深入討論「管理工作」的內容。希望透過這一系列的文章，為企業主管打下堅實的管理基礎。

降低對「不確定性」的容忍度，並善用「行事曆」這個工具來驅動對管理工作的投入，是企業管理者必須具備的兩個基本能力。如果你想要在大企業的金字塔組織裡往上爬，就儘快培養起這兩種能力吧。

看完了上一篇文章之後，那麼我們應該怎麼縮小「管理時間差距」，把超過五〇%以上的時間用在管理工作上？首先，你要降低對「不確定性」（uncertainty）的容忍度。

避免不確定性

有研究指出，根據統計調查，世界各國對於「不確定性」的容忍度有差別，容忍度最低的是德國和日本，而容忍度比較高的，則大部分是非洲和東南亞國家。從另外一個角度來看，經濟發達國家對於不確定性的容忍度比較低，開發中或未開發國家的容忍度則比較高。這種看法，與科學的發達與否有關，也可能是因為經濟發達國家的科學和科技比較發達，做事情比較有方法、有計畫，因此對於不確定性的容忍度比較低。

從企業經理人的角度來看，創業者經常從事開疆闢土的事業，具有賭徒的個性，對於商機的嗅覺特別靈敏，對於變動的環境比較適應，思維也比較跳躍。因此決策經常是一日三變，天生對於不確定性的容忍度就比較高。

專業經理人的個性則比較偏向保守、理性。位居高層的主管，決策與行為受到公司治理規範的約束。位居中低層的主管，則受限於職位高度不夠和資源不足，在決策和執行的過程中比較中規中矩，傾向依據規章制度辦事，所以對於不確定的容忍度也比較低。

俗話說：創業維艱、守成不易。**創業是創業老闆的責任，守成則大部分是依靠專業經理人**。新創面對的是多變的大環境、激烈的競爭、資源不對稱的戰爭，因此創業者必須隨機應變求生存，內在、外在的不確定性，就是創業者面對的日常。

當企業的生命週期進入成熟期，除了產品標準底定、市場不再成長、品牌山頭確定之外，產業結構也穩定，此時，企業的發展只能來自產業市場的自然成長（market organic growth），以及攫取自競爭對手的市占率（gained market share）。穩定的產業環境，加上已具規模的企業，正是保守、理性的專業經理人施展身手的好舞台。無論是外在環境或企業內部，都需要避免高度不確定性的策略與執行。

即使企業要想辦法創造第二曲線，也必須謹慎小心，如同攀岩一樣「三點不動，一點動」，否則企業就很容易進入暴衝的情況，小則出車禍，大則車毀人亡。

身負執行策略的企業管理者，既然不是坐在駕駛座上、掌握行車方向的創業者，那就要把時間專注在管理工作上，同時也必須降低對於「不確定性」的容忍度。

善用行事曆

我有些朋友約了要見面，從來都是最後一、兩小時才確定時間，有些即使說好了，卻又在約定時間前臨時取消不參加。有的人說這是個性問題，我卻認為這是優先次序的問題（it is a matter of priority）。

所謂「約會」，就是「約定時間聚會」，任何眾人參加的活動，都要約定好時間才能成事。農業時代遵循自然環境變化，春耕、夏耘、秋收、冬藏，日出而作、日入而息。而人的身體也有個自然時鐘，主導每天的作息。

《論語．衛靈公》上就提到：「工欲善其事，必先利其器」，一旦擔任管理職位，就必須花時間在管理工作上，不能每日忙於職能工作上。就管理者而言，欲善其「事」（管理工作），首先要利其「器」，而這個「器」，就是「行事曆」。

西方大企業的組織就像一個金字塔，**策略規劃與計畫通常都是由上而下，而計畫的執行則是由下而上**。為了確保這個流程，大企業通常都有一個年度會議的行事曆。這個行事曆就宛如四季更迭，確保企業策略規劃的自然時鐘，順利運作。

年度目標與計畫

企業年度目標的討論，通常在前一年度的第四季初就開始，因此，下一年的年度計畫會議的日期，在上一年度的行事曆裡就已經決定。

企業下一年度的目標和計畫，必定是由金字塔頂端先開始討論與決定；年度目標和數字訂定後，再順著金字塔往下傳達，透過「指揮系統」（chain of command），依各部門的職能逐層討論、拆解、公布年度目標和數字，直到最基層。所以，年度目標會議的日期，一定是金字塔頂層在前，然後逐層依序訂定各部門的會議日期，如此由上而下，金字塔中低層的會議日期因而必定在後。

這些年度目標與計畫的會議，必須在上個年度的第四季完成，以便在新的一年開始時，依企業規模，在合適的層級舉辦一個新年度「啟動大會」（kick-off meeting），達到與員工溝通和激勵的作用。

PDCA

一旦目標和計畫決定後，就是執行、檢討和改善修正的工作。西方企業界早已普遍運用一套「目標管理」流程，透過以下四個階段，確保每次的目標都能達成：

一、規劃（Plan）；
二、執行（Do）；
三、查核（Check）；
四、行動（Act）。

PDCA循環由美國學者戴明（William Edwards Deming）首先提出，因此也稱戴明循環（Deming circle/cycle/wheel）。

戴明博士的一生，就是「道不行，乘桴浮於海」的最佳寫照。他在一九五〇年接受日本科學家和工程師協會邀請，在日本工業界宣講「統計製程管制」（statistics process control, SPC）、全面品質管理（total quality management, TQM），以及持續改善等管理理念。統計製程管制可以大幅降低生產製造流程的不確定性、提高產品品質的穩定性，因此大受日本工業界歡迎。於是日本在一九五一年設立「戴明獎」，以獎勵在嚴格的品質管理競賽中獲勝的公司。

戰後日本經濟快速崛起，統計製程管制和全面品質管理被認為是重要的推手，戴明也因此在日本獲得如日中天的聲譽。一九五六年，裕仁天皇授予他「二等珍寶獎」，日本科學家和品質工程師協會也把年度品質獎命名為「戴明獎」。

戴明博士對日本的貢獻，影響了日本的製造業及工商業，在日本被視為英雄人物之一。但他在美國卻沒沒無聞，直到逝世後才開始成名。

我之所以在這裡花了一點篇幅介紹戴明博士，以及他的PDCA循環，是因為在這個系列的文章中，有關管理工作的內容必定會提到PDCA，而且作為一位管理者，也不能不知道PDCA。

計畫執行與檢討

本文所說的「年度」，指的是企業的「會計年度」或稱「財務年度」（fiscal year），有別於一般的「自然年」（calendar year，或稱日曆年）。基於每個企業各自的歷史原因，會計年度未必與自然年同步。

企業行事曆在新年度的第一季，最重要的活動就是「啟動大會」。接下來就是每個季度都會排定的「計畫執行與檢討會議」，而這個會議就是PDCA中的C（查核）和A（行動）。

目標與計畫決定之後，各層級、各部門就分別執行既定的計畫，以期達到或超過既定的目標數字。金字塔頂層會在每個季度結束後，訂定「查核會議」的日期，由各事業單位和功能單位主管報告執行結果，如果未達預期目標，則需要自我檢討，並提出改善方案。

為了準備這個「查核會議」的報告，就由金字塔頂層訂定的會議日期往前推，由金字塔各層級分別開會檢討、準備報告資料。這就形成了「由下往上」的季度查核會議行事曆。

我在惠普（Hewlett-Packard, HP）和德州儀器（Texas Instruments, TI）服務期間，每到會計年度結束前，新的年度行事曆就已經確定了。行事曆之中，幾乎有三〇％已經被各種固定會議和旅行占滿。

這些會議討論的主題和準備的報告，都是與「管理工作」相關，包括計劃、組織、領導，以及控管。於是，行事曆就成為驅動部門主管們花時間在管理工作上的一項利器。

結語

專業經理人必須花一半以上的時間在管理工作上，來管理人、事、時、地、物。在上一篇文章已經提到過，管理工作主要分成四大類：計劃、組織、領導、控管。

要做好管理工作，尤其是對於一個已經形成規模的企業，經營管理層必須兼顧「守成」、「除舊」、「布新」三個方面，不能像新創企業每天都只為生存而奮鬥、為成長而開疆闢土。

因此，具規模的大企業的管理者，就要想辦法降低對「不確定性」的容忍度，對於企業、部門、個人的管理工作，都要透過ＰＤＣＡ循環來確實掌控。接下來，則是進一步利用行事曆，來驅動自己對於管理工作的投入，以圓滿達成上級單位賦予部門的任務。

降低對「不確定性」的容忍度和「善用行事曆」，是企業管理者必須具備的兩個基本能力。如果你想要在大企業的金字塔組織裡往上爬，那麼就儘快培養起這兩種能力吧。

3 「可信度」是職場上最重要的一門課

有一門課，是學校沒有教，也不考試的，即使有，也可能是六十分就算及格。但殘酷的是，這門課在職場上完全沒有犯錯或打折的空間，而這門無比嚴苛的課，就叫做「可信度」。

多年前受邀第一次參加一個中小型企業的董事會，雖然這是家科技公司，但除了董事長外，其餘董監事都非科技圈人。

由於是年初的第一場董事會，所以重頭戲是由總經理報告上年度的損益表和營收獲利的達成率。總經理是一位在外商服務多年的美籍華人，妻小都住在美國，是個標準的「內在美」經理人。總經理每個月都有兩個星期在美國出差，拜訪主要的半導體合作夥伴，只有兩個星期待在台北總公司。至於這樣的出差安排究竟是為公還是為私，就不得而知了。

根據總經理做的總結，上個年度的營收達成率八〇%，但營業利潤（profit from operation）達成率不到四〇%，而兩個達成率的差距，則來自一〇〇%的費用預算達成率。在總結的時候，總經理自己為團隊打了分數。他說：「去年的營收只達成了八〇％，雖然沒有達到年初設定的目標，但由於種種外在的因素，團隊已經盡了最大的努力，結果還是不錯的、令人滿意的，個人覺得可以給團隊打個八十分。」

我是第一次參加董事會，原來打算多觀察、多聽、不必急著發言的，但當時所有的董監事都一片死寂，沒有人有任何評論。眼看著總經理收拾他的筆記型電腦準備下台，我忍不住就舉手發言了。

年度目標預算與執行計畫

我簡單問了一下總經理「年度目標是怎麼訂定的」。總經理答覆，是由總經理和團隊討論，提出預算和目標，再經過董事會批准才確定下來的。於是，我簡單解釋一下年度目標訂定的流程，主要也是說給在場的非科技業董監事聽的：

一、年度計畫是與上級主管商量討論，以訂定出來的下一年年度計畫目標，必須符合「SMART原則」。部門目標是由上級主管拆解下來的，數字由雙方討論資源分配而定的。

二、依照年度計畫目標，以及流程公式，將目標數字拆解分配給屬下部門主管，以便分工合作、分層負責。

三、必須同時有月度、季度的行動計畫及數字目標，有些公司還會做「情境規劃」（scenario planning），設定幾個經濟或財務指標「觸發點」（trigger points）。另外還要準備兩套劇本：一套是情勢大好的「樂觀計畫」，另外一套是情勢大壞的「保守計畫」。

年度計畫的目標與預算，是由總經理和團隊討論後提出來的方案，經過董事會批准之後確定執行。總經理擁有足夠的職權責*與預算，來執行自己和經營團隊提出來的年度目標與計畫，因此，年度目標也可以說就是總經理對董事會所許下的「承諾」。

接著我給了總經理以下的評論：

一、年度營收目標只達成八〇%，但年度預算達成率卻是一〇〇%，身為總經理，最重要的是要向董事會和股東負責，如果營收目標沒有達成，那麼應該要及早控制費用，至少要確保獲利目標。

二、經營企業和在學校念書考試不一樣，一旦定下年度目標，只有達成或超過目標的時候，才算及格，即使達成了九九%，都只能算是不及格。「目標」就是對董事會、對股東的承諾，承諾只有「達成」或「沒有達成」兩種情況。

不要以為達成八〇%目標就是「八十分」，已經超過六十分的及格線，就因此自己覺得滿意。董事會後，許多董事私底下跟我講，過去董事會都是「一團和氣」，對於總經理的報告，從來沒有人質疑或表示不滿。所以我這次的發言，確實令他們感到震撼。

企業與學校的差異

職場和學校有許多不同。在《創客創業導師程天縱的職場力》這本書的自序中曾經提到，過去我經常受邀到企業新進員工訓練課程中致歡迎詞，我都會告訴新進員工一個好消息：過去我們要繳學費去學校學習，但是從進了職場開始，企業會付你錢讓你學習。雖然職場上的學習不再有固定的老師與課本，也不再是所有學生接受相同的考卷和考題，但最後還是會接到一份自己的成績單，只是打分數的方式不一樣而已。

在學校是由老師來出題目，有的考試允許開書（open book），有的不允許。在企業的考試裡，

＊編注：可參閱《創客創業導師程天縱的職場力》書中，關於「職、權、責合一」的文章。

題目是由你自己和主管討論，經過雙方同意後定下來的，等於自己參與出考題，同時有一年的時間去作答。

學校的考試容許學生有犯錯空間，因此六十分以上算及格，一百分是滿分。但企業的考試，就有很大的不同了。由於自己參與考題的設計，自己承諾了目標、數字，拿到了董事會給予的預算與資源，因此企業的成績單只有兩個分數：達到或超過承諾的目標數字就是一百分，沒有達到承諾數字的就是零分。

可信度：職場上最重要的一門課

在職場上，對於「承諾」的數字，沒有犯錯或打折的空間。因為在職場上有一門課，是學校沒有教，也沒有考試的，即使學校有這門課，考試的時候也會給予學生犯錯誤的空間，也就是六十分算及格。但很殘酷的是，在職場上這門課沒有犯錯的空間，這門課就叫做「可信度」（creditability: the quality of being creditable）。

「可信度」用來衡量一個人是否可以達成對自己的承諾、是否可以信任。對於年度目標數字的承諾，只有「達成」或「不達成」兩種結果，達到或超過目標就是一百分，達不到目標，就是fail、就是零分。

在歐美跨國企業中有不少案例顯示，如果執行長連續兩、三個季度無法達到向董事會承諾的財務指標，就會被換掉，不必等到一年才做出決定。

以終為始

一九八〇年代初期，我在惠普台灣分公司服務，立志成為一個專業經理人，而在成為專業經理人的過程中，首先要找一個效法對象（role model）。經過搜尋之後，哈洛德・季寧（Harold Geneen）進入了我的視野，他在一九八四年出版的《季寧談管理》（*Managing*）這本自傳，也引起了我極大的興趣。

季寧生於一九一〇年一月，卒於一九九七年十一月，享壽八十七歲。他出生於英國的猶太家庭，未滿一歲就移民美國。第一份工作是會計，但努力加上天分讓他在一九五九年成為美國國際電話電報公司（Internatinal Telephone and Telegraph Corporation，下稱ＩＴＴ）的總裁。當時該公司的主要業務是國際電話服務，年營收只有八十萬美元。

到了一九七七年，季寧辭去執行長的職務，只擔任ＩＴＴ董事長。在擔任執行長這十八年期間，季寧在八十個國家併購了三百五十家企業，讓ＩＴＴ成為一個年營收一百六十七億美元、擁有超過三十七萬員工、名列美國第十一大企業的聯合集團。

當時美國的主流媒體和業界都認為，季寧的管理和領導風格可以媲美巴頓將軍（George Smith Patton, Jr.）、亞歷山大大帝（Alexander the Great）、拿破崙（Napoléon Bonaparte）等偉人。他的名字幾乎就是「企業集團」的同義字，就如同福特汽車（Ford）的亨利・福特（Henry Ford）之於「大量生產」、通用汽車（General Motors, GM）傳奇執行長艾佛瑞・史隆（Alfred P. Sloan, Jr.）之於「多事業部企業」（multi-divisional corporation）一樣，在美國工業化的歷史上，都有著不可磨滅的貢獻。有很多人對季寧的評價，甚至是「如果有機會，他會買下全世界」。

但是，相較於福特和史隆兩位，季寧似乎沒有那麼知名，或許是因為前面兩位都是創業家，而季寧是個專業經理人。

在《季寧談管理》這本書裡，季寧介紹了他成功的十個管理教條，其中我最喜歡的是第二條。過去我在演講的時候，把它稱為「經營管理的三句箴言」：**大凡我們看一本書的時候，都是從第一頁看到最後一頁，但經營企業正好相反：你必須先從最後一頁開始，然後竭盡你一切所能去達成它。**

對於一家公司的經營團隊來說，年度目標就是未來一年經營管理的「最後一頁」，這也就是「以終為始」這個企業經營管理的最高境界。季寧就是「以終為始」的最佳範例。他的職涯成就設下了「季寧障礙」，是所有專業經理人和經營者難以突破的紀錄。

他在擔任ＩＴＴ執行長期間，連續五十八個季度（請注意，是季度，不是年度）達成對董事會和股東承諾的財務目標。因此，在這十四年半的時間（五十八個季度）之中，ＩＴＴ的每股盈餘（earnings per share，下稱ＥＰＳ）平均每年成長一〇%，ＥＰＳ成長為四倍。重點在於，連續五十八個季度不間斷地達成每季財務目標，這就是「季寧障礙」。

結語

在我參加這次董事會的兩年之後，我又受邀參加了同一公司的董事會。總經理的報告仍然一樣：年度營收目標達成率不到八〇%，預算達成率仍然接近一〇〇%，加上匯率變動的關係，上半年出現了難得一見的虧損。

總經理簡報投影片的最後一頁，擺上了史蒂夫・賈伯斯（Steve Jobs）二〇〇五年在史丹佛大學（Stanford University）的畢業典禮上，送給畢業生的致詞「求知若飢，虛心若愚」（stay hungry, stay foolish）。

在總經理報告完畢之後，我忍不住又說了：「賈伯斯這句話用在企業經營上，指的是態度和過程，而不是結果。」這位總經理的下場，讀者們應該也可以猜到了。

4 最真實的一剎那

「可信度」是對個人承諾的達成度，不是單一時間點、單一事件，而是「時間軸的累積」，是「對所有事件的承諾」，不論是工作還是生活，不論事情重不重要，都會被計入。因為，重不重要的決定權不在你手上，而是在於你接觸的對方。

前一篇文章刊出之後，有讀者傳私訊給我，他認為在職場上所說的話，尤其是酒餘飯後，哪有百分之百做得到的？「即使沒有達到承諾，也沒有那麼嚴重吧？」那麼，我就先分享兩個酒餘飯後的真實故事吧。

◆酒話算不算承諾？

在一場餐敘中，大家都有點酒意，甲和乙兩個人在某個話題上起了爭論，於是甲就豪言壯語地對乙說：「如果『這樣這樣』的話，我就『那樣那樣』！」沒想到過幾天後，乙真的找上門，因為果然是「這樣這樣」！而且乙還要求甲得要實踐「那樣那樣」的諾言。

只見甲面有難色地說：「喝酒時說的話也要當真？那菸酒公司也該倒閉了，因為以後沒人要喝酒了。」聽了甲的話，輪到乙傻眼了。

場面話算不算承諾？

十幾年前，我參加上海市領導*邀請的飯局。酒酣耳熱之際，領導說話了：「你們台灣人喝酒時所說的話，沒有一句是真的。」我很好奇地問領導：「這怎麼說呢？難道我說錯了話嗎？」

領導接著說：「一開始喝酒的時候，很多台灣老闆都說『我不能喝，我酒量差』。但是一喝起來，發覺他們酒量一點都不差，還很能喝。喝到五分醉的時候，台灣老闆們又推說『我醉了、我醉了，真的不能再喝了』，結果老闆們還是繼續喝，還把我們這邊擺平了幾個。等喝到九分醉的時候，這些老闆們反而說『我沒醉、我沒醉、接著喝』，結果隔天醒來，都不知道自己當時說了些什麼話，真的是喝到『斷片』（失憶）了。你說，從頭到尾是不是沒有一句真話？」

＊編注：「領導」為中國大陸慣用語，泛指領袖人物或位階高於自己者，可指政府官員、企業主管等。

這下子換我說不出話來了，因為這些場景我自己也經常碰到。我們認為是客氣話、場面話，可是對方聽在耳裡，卻是挺當真的。於是，對台商的這種看法就在中國大陸廣為流傳，也形成了對台灣人的一種刻板印象，非常負面。

真實的一剎那

時間久了，這種刻板印象會植入人的潛意識裡，在做決定時會悄悄跑出來，影響決策時的選擇，而當事人卻往往會忘記，自己當初為什麼會有這種印象。

一九九〇年代在中國惠普服務時，我極力培植一位很優秀的年輕人，只要有好的機會、好的舞台、更大的職責，我總是先想到他。但是不知道為什麼，當時惠普洲際總部（Intercontinental Region）的總裁、我在惠普的導師亞倫．貝克爾（Alan Bickel）先生，始終對提拔這個年輕人持反對意見。

我一再地追問貝克爾，發現他對這位年輕人其實並沒有什麼深刻的印象，所以說不出個具體理由，但就是覺得不妥當。我轉而去問這位年輕人，他跟貝克爾先生有過幾次接觸，是否曾在什麼場合令他不快？

果然，兩年多前貝克爾先生曾經從美國飛到北京來視察，我特別安排了這位年輕人到機場接機，讓他與美國大老闆單獨見面，以便留下深刻印象。這位年輕人太大意了，沒有提早出發，結果因為意外塞車，讓貝克爾先生拿著行李，在北京機場的寒風中等了半個多小時。人算不如天算，加上陰錯陽差，原本安排機會給年輕人留下好印象，結果留下了一個壞印象，而這個印象，就悄悄植入了貝克爾先生的潛意識裡。

留下印象的這一瞬間，就叫做「真實的一剎那」（the moment of truth），往往是細節或微不足道的小事，但卻會在往後的大事裡，發揮重大的影響力。

採購的案例

在我過去幾十年做業務的經驗裡，「真實的一剎那」的案例不勝枚舉。通常客戶在採購決定之前，都是非常理性的（rational），但是在做採購決定的一瞬間，卻經常是不理性的（irrational）。

在採購案進行期間，客戶們都會找好幾家供應商，理性比較不同品牌產品的功能、價格、交期、服務等，再依考慮因素的重要性排序、賦予權重計分，最後依照總分來排序。可是，在做採購決定的最後那一剎那，深藏在潛意識裡面的「非理性因素」就悄悄出現了。

往往在業務人員說服採購單位或使用部門，把採購自家產品的案件送到最後拍板的老闆面前時，老闆對這個供應商、品牌或產品的印象，就會從潛意識裡跑出來，凌駕於一切理性評鑑的總分之上，影響了最後的決策。老闆擁有「一票否決權」，他不必解釋理由，或許根本也不記得什麼原因，他只要跟屬下說：「我覺得這家的產品不妥當，你們再去考慮看看」，這時其實就是「真實的一剎那」在掌控全局了。所以，負責銷售的業務，除了擺平採購、研發、使用單位以外，還要想辦法見到最後拍板的老闆，力求留下一個最好的「真實的一剎那」。

「可信度」是最真實的一剎那

在上一篇文章刊登後，有讀者留言問我：「請問老師，creditability與trustworthy應該怎麼詮釋比較好呢？」我不是英文老師，所以我這樣回答：

> 我覺得不要糾結在字眼裡面，重點不在於用什麼英文字來描述，而是要瞭解文字背後的意義。如果真要解釋這兩個字的意義，我認為creditability是過去成果的累積，包括信任與尊敬，而trustworthy只是指在某件交辦的事情上，是可以信任的。

從另一個角度來看，trustworthy只是一個點，creditability則是時間軸延續的一條線，如果再包括所有事物，則形成一個面。除此之外，「可信度」（creditability）還有兩個重點：

一、你的可信度不是由你自己打的分數，而是別人對你打的分數。每個人跟你的接觸點都不同，所以不同人給你的可信度分數，就可能不同。

二、幾乎沒有例外，可信度一定會進入對方的潛意識裡，也就是說，在對方做決策或對你做評價時，可信度一定是「最真實的一剎那」。

結語

「可信度」是對個人承諾的達成度，不是單一時間點、單一事件，而是「時間軸的累積」，是「對所有事件的承諾」。不論是工作或生活，不論事情重要或不重要，都會被計入。因為，「重不重要」的決定權不在你手上，而是在於你接觸的對方。分數是對方打的，不是由你決定。更重要的是，可信度一定會進入對方潛意識裡，是對你個人評價的一部分，是對你「最真實的一剎那」。

＊＊＊

另外，還有臉書（Facebook）朋友在上一篇文章的留言中，轉貼了楊應超先生在《遠見》雜誌發表的文章連結，文章中說到：

「Stay hungry, stay foolish」這句話是蘋果公司（Apple）創辦人賈伯斯在二〇〇五年史丹佛大學的畢業典禮演講時的結語。當年我聽到後真是覺得一針見血，如雷灌耳。但是台灣人把這句話翻譯為「求知若饑，虛心若愚」，每次看到這樣的翻譯，就覺得啼笑皆非。聽起來很好聽，可惜完全喪失這句話的精華。這裡用hungry，當然跟沒飯吃的飢餓，完全沒有關係，而是說你有沒有保持追求目標成功的動力及熱情，像對成功的飢餓程度。至於stay foolish，跟「虛心若愚」就更沒有關係了。是叫你不怕失敗，因為失敗可能會被嘲笑，看起來很愚蠢的樣子。要有勇氣當一個蠢人，就像電影《阿甘正傳》（*Forrest Gump*）的主角一樣。

楊應超先生也是我的臉書好友，他的看法我予以尊重。其實怎麼翻譯和詮釋都不是重點，重點在於這兩句話所指的，是追求理想的「過程」，而不是「結果」。有誰會希望「結果」是「stay hungry, stay foolish」呢？

現在坊間有很多人都贊成楊應超的說法，鼓勵年輕人或創業者「不怕失敗」。如果失敗不會傷筋動骨，就如司馬懿說的「善敗」、以後仍然有再戰的能力，那麼失敗當然就不足懼。在融資相對過去容易的今天，有許多創業者燒的是投資人的錢，而不是自己的錢，即使創業失敗，投資人抱著投十中一的心態，自然不怕。而創業者燒的是別人的錢，當然也不怕。

但如果失敗會導致毀滅、動搖根本，以至於永遠不得翻身再起，那麼當然要「怕失敗」。

再說，怕失敗的人可能有兩種做法；第一種是：「不做就不會失敗」，第二種則是：「做好充分準備，降低失敗的可能性」。從投資人的角度來看，楊應超擔心的應該是第一種做法。沒人願意創業，則投資人也就沒有標的可投了。

不論是創業者或管理者，就怕他們把「不怕失敗」拿來當做「不做好充分準備」的理由，這樣反而提高了失敗的風險和可能性。所以，在行動的過程中，保持「求知若饑，虛心若愚」的心態和做法，反而會做足充分的準備，降低失敗的可能性。所以我覺得，「求知若饑，虛心若愚」這個說法，對於「達到目標」比較有幫助。

賈伯斯這句話，究竟真正的意思是什麼？如果真要追根究柢，那就只有去問他本人了。

5 你真的瞭解自己嗎？

許多讀者看了上一篇文章後，表示希望能夠更加瞭解自己。因此我決定分享過去的經驗，希望能夠說服讀者們：「真實的自己」就是周遭人眼中的自己，而不是主觀意識認定的自己。

自從我一九七六年進入職場後，至今四十五年，經常感覺到大部分的人都不瞭解自己，包括我自己初入職場時，也完全不瞭解我自己。

因為我一直從事業務工作，所以在日常的銷售過程中經常拜訪客戶、介紹產品、做簡報、會議報告等，都需要說大量的話。在這些過程中，有時候會錄影、錄音作為紀錄，但我從第一次聽到自己的聲音開始，就覺得不太習慣，直覺像是個陌生人的聲音，而不是我的聲音。所以我至今仍然不習慣也不喜歡自己的聲音。

另外我還發現，當周遭的人都知道了某件關於我、但不太好的事情時，身為當事人的自己，往往是最後一個知道的，因為沒有人會主動告訴我。例如，無意中得罪了別人、犯了錯影響到工作績效、屬下將要離職、老闆對我不滿、在我不在的場合批評我等，往往在公司裡已經人盡皆知，就是我自己不知道。

或許有人會認為我的人緣不好，所以沒有人會告訴我。事實上我的人緣一直都不錯，自己也很注意工作場合的人際關係。但問題是，沒有人願意惹麻煩、告訴我一些壞消息，他們不確定我知道後會有什麼反應，所以既然事不關己，也就樂得做個看熱鬧的旁觀者。

撇開我自己不談，我也觀察到周遭的人對當事人的看法，包含個性、行為、做人處事，往往都是一致的，唯有當事人不認為自己是如此。

你的「社交風格」是什麼？

一九八〇年代初，我在台灣惠普擔任業務時，上過一個銷售課程，主要是分析客戶的「社交風格」（social style），以便將銷售工作做得更好。

社交風格是由梅瑞爾（David Merrill）和瑞德（Roger Reid）所提出，他們根據人的性格的兩個維度：對人事物的「表達方式」（assertiveness，或稱武斷性，分為直說型或發問型）和對人事物的「回應方式」（responsiveness，或稱回應性，以表露型與控制型區分是否會表露情緒），定義出四種風格：

一、主觀驅動（driving）：直說型與控制型的組合；
二、擅長表達（expressive）：直說型與表露型的組合；
三、友善（amiable）：發問型與表露型的組合；
四、分析（analytical）：發問型與控制型的組合。

很武斷、有話直說的表達方式的極端就是「命令」，相對的是「請示」或「發問」；表露程度高的行為表現就是「情緒化」，低的則是「控制情緒」。

簡單說的話，「主觀驅動者」是自我意識很強、喜歡控制一切的人；「擅長表達者」是很有創意、一切憑直覺、外向和熱情的人。「友善者」是隨和、隨意、不喜歡衝突和冒險的人；而「分析者」則是重視邏輯和事實、工作導向、謹小慎微不犯錯。

瞭解了客戶的社交風格之後，才能掌握銷售過程的重點，順著客戶的毛去摸，才能順利完成任務。

在上課的過程中，每個學員要分析所有其他人，並且投票，決定每個人是屬於哪種社交風格，結果有位同事得到全票通過，他就是個主觀驅動者，有著高度的「控制」與「命令」行為表現。

這位同事看到投票的結果之後，當場翻臉，拍桌子說：「有沒有搞錯，我怎麼可能是主觀驅動？你們都不瞭解我，我是一個友善的人才對！」當場的所有人都笑翻了，因為他的這個反應，就充分證明他就是一個主觀驅動者。

誰說了算？誰比較對？

那麼究竟是你最瞭解自己，還是周遭的人比較瞭解你？是誰說了算呢？誰比較對呢？在回答這個問題之前，先讓我掉個書袋，引用佛教兩個常用語：「四大皆空」和「五蘊皆空」。

一般人誤以為「四大皆空」的四大，就是「酒色財氣」，其實「四大皆空」來自小乘佛教，意指造成物質現象的四個元素：地、水、火、風。這四個元素分別代表了固態、液態、等離子態、氣態，而人就是由這四個元素合成的「色身」。

而大乘佛教認為，小乘佛教的四大屬於物質界，並沒概括精神界，如果包括所有的元素，則會是「色、受、想、行、識」集合而成的「五蘊」。至於小乘佛教的「四大」，則只是五蘊中的「色蘊」而已。

但無論「四大」或「五蘊」、物質或精神，都不是我的重點，我的重點在於「四大皆空」和「五蘊皆空」中的這個「空」字。

談「空」

在佛法中，「空」的學問極大，數千年來許多專家、高僧、大德，都鑽研佛法予以演繹，非常深奧，所以在這邊，我只引用與本文主題相關的一種說法，藉此討論「自己」和「他人」對「我」的瞭解，哪個比較正確、比較重要。

不論是「四大」或「五蘊」、物質或精神，周遭的人事物，本性都是「空」的，也就是不好不壞、不真不假、不生不滅、不增不減、不虛不實，是我們的主觀意識，賦予了這些本性是「空」的人事物「意義」。如果沒有「我」的主觀意識，「四大」或「五蘊」或許還是會存在，但本性都是「空」的。

反過來說，真實的「我」不就是由周遭的人事物來定義的嗎？如果這世界上只有「我」一個人，那麼「我」就是由自己定義的。但如果「我」是地球八十億人口中的一個，那麼周遭人事物眼中的「我」，才是真實的「我」。

換個角度來看，假如周遭的每個人都是一面鏡子，他們的看法就反映出真實的我。那麼當我看到每一面鏡子裡的我，長得都是同一個樣子，難道我還可以否定，認為我應該是自己想像中的樣子，而不是鏡中的我嗎？

結語

身為管理者，與部屬本就處在一個不平等的基礎上，尤其是在東方威權的組織文化中，往往是主管說了算。因此手握權力的管理者，就很容易活在自己的想像中，而忽略了部屬和同事的想法，形成「自己最不瞭解自己」的現象。

在我發表了上一篇文章〈最真實的一剎那〉之後，有許多讀者留言或傳私訊，希望也能夠更加瞭解自己。雖然我在留言後頭有簡單地分享方法，但讀者還是不瞭解，連我自己也不滿意自己的回答，因此決定將自己過去的經驗，寫成幾篇文章分享給大家。

這篇文章先開個頭，希望能夠說服讀者們：「真實的自己」就是周遭人眼中的自己，而不是主觀意識認定的自己。如果你接受這個概念，那麼下一篇文章將會分享我的經驗，從瞭解自己、接受自己到改變自己的過程與方法。

6 如何瞭解自己？

在職場上拚搏時，最大的敵人並不是外面的競爭對手，也不是內部的同事，而是「時間」和「自己」。所以瞭解自己，尤其是從周遭的人們身上看到自己的優缺點，是很重要的。本文就以好朋友台大藍教授為例，看看如何從大家的回應中找到改進自己的方法。

在職場上拚搏時，最大的敵人並非公司外面的競爭對手，也不是內部的同事，而是「時間」和「自己」。時間對每個人都是公平的，你可以選擇輕鬆點、混日子，或是勤奮點、高效率地過。時間則是永遠都照著它自己的步調前進，不會因為你而改變。

我在〈做自己喜歡做的事？還是做應該做的事？〉＊一文中提到：無論就業或創業，想要在第二人生成就一番事業，就要想辦法讓自己投入「高頻高壓」的狀態。

「高頻高壓」就是打敗「時間」這個敵人的有效辦法之一。當別人以「低頻低壓」的心態與方式工作時，你的「高頻高壓」就會讓你在公平的時間面前勝出。

至於另外一個敵人「自己」，是比時間更難克服的。

知己知彼

《孫子．謀攻》：「知彼知己，百戰不殆；不知彼而知己，一勝一負；不知彼，不知己，每戰必殆。」

常人以為「知彼」難，其實「知己」更難。在我的職涯中，見過許多年輕人才不僅聰明，而且優秀，卻在其事業途中經常受到挫折、不受重用，因此鬱鬱而終。如果從旁客觀觀察，往往可以發現他們都是因為不清楚自己的優缺點，也不瞭解別人眼中如何看待自己，以致變得自大、過度自信，最後敗在自己手裡，怨不得別人。

從學校裡的MBA、EMBA課程中，我們可以學到許多「知彼」的方法，但卻少有，甚至可以說是沒有教我們「知己」的方法。在管理課程中，主要還是學到很多管理「別人」的方法，即使有少數強調「自我管理」的課題，往往都是屬於「通識」課程。也就是說，對每個人都是一套同樣的方法，不會因人而異。

＊ 編注：可參閱 http://bit.ly/3Zt00KM 或 https://tuna.mba/p/201124。

然而，要有效管理自己，就要從瞭解自己開始：瞭解別人眼中的自己。

傾聽回饋

周遭的人並沒有義務，也不會主動告訴你「他們眼中的你」和「他們對你的印象」，所以必須靠你自己主動挖掘。

當周遭的人願意告訴你的時候，這就叫做「回饋」（feedback）。一般人對回饋都會覺得反感，認為回饋就是批評，所以往往不會「傾聽」，會急著打斷對方的話、極力否認與辯解，導致最終不歡而散。面對這樣的情況，首先要改變自己的心態，不要認為回饋就是批評，要心懷感恩，因為「回饋」是來自上天的禮物（feedback is a gift from heaven）。

藍教授的案例

雖說「瞭解自己」要從得到周遭的人的回饋開始，但周遭的人又分成許多不同的群體，例如工作場所就有上級主管們、平級同事們、下屬等，生活中又分親人、朋友、同學等。

每個人對於不同的群體，基於不對稱的地位，也會有多元的面貌出現，但是只要相處的時間夠久，即使在不同的群體面前，也會逐漸顯露出八〇%的基本個性和行為表現。這也就是俗語說的：「路遙知馬力，日久見人心」。

說來也巧，我的一位臉書好友：台大化工系藍教授，經常在臉書上發表他對學生的想法與評論。有些讓我覺得是「愛之深，責之切」，可是學生的改變似乎有限，使得藍教授也有莫可奈何的無力感。

教授與學生之間，本來就是一個權力不對等的雙方，更何況教授在臉書上的評論都只是單向的，沒有學生敢在上面留言反駁或發表自己的看法。如果沒有對等發言的機會，良好的溝通就不會發生，教授與學生之間的關係就不會改善。在沒有互信的基礎、沒有良好的師生關係時，老師的諄諄教誨，往往得到的是學生的抗拒，就會產生雙輸的結果。

於是讓我想要介入幫忙，把我一九九〇年代初期在中國惠普擔任總裁期間，為了得到我的屬下對我的回饋，讓我可以更加瞭解自己，從而改善而使用過的「回饋收集時間」（getting feedbacks session），為藍教授與他的學生再做一次。

於是我就主動聯繫藍教授並且留言說：「看到你在臉書上發表了很多對學生的想法，其實是有辦法可以改善的，如果你有興趣的話，改天當面聊聊。」藍教授也積極回應說好，並且訂了學期結束後的一個下午，由我來擔任推動者（facilitator），主持這個回饋時間。

包括開場暖場、開會目的、解釋規則，然後藍教授離場，開始腦力激盪、澄清疑點、記錄，總共一個半小時的時間內，十五位研究生和助理，給了藍教授五十項回饋。

回饋的基本規則

首先，就是「匿名」。這可以讓處於權力不對等的發言人，不必擔心造成上級的反感而可能導致秋後算帳。

這就是個腦力激盪法的活動，每一位參加的研究生和助理，把對藍教授的第一印象，毫不修飾也不修辭地說出來，這些印象可以包含儀容、服裝、表情、外表、言詞、行為、性格等。為什麼說是腦力激盪呢？因為此時也可以因為受到別人發言的啟發，於是搭在別人的發言上面，說出自己的想法。

如果別人的發言不是很清楚的話，可以要求發言的人澄清疑點，用更精準的文字來表達，但是不要舉工作中的實例，否則就會留下蛛絲馬跡，讓徵求回饋（solicit feedbacks）的人知道是誰的發言，而失去了匿名的效果。

很重要的一點是，參加者的發言，絕對不可以採用人身攻擊或指桑罵槐的言辭，發言必須反映真實的印象，而且要記得這是給對方的禮物，所以必須是基於善意、幫助對方的心態來發言。

讓我把這些規則總結成幾條，列出來給讀者們參考：

一、匿名；

二、真實印象，不必修飾；

三、不可人身攻擊或指桑罵槐；

四、可以請發言人澄清疑點，但是不可以舉實例；

五、可以使用腦力激盪的方法，跟進別人的發言；

六、不要重複。

如何進行回饋收集時間？

如前所說，徵求回饋和給予回饋的人都必須參加第一部分，由推動者來解釋開會的目的、進行的流程、發言的規則等，如果都沒有疑問的話，就請徵求回饋的人離場，開始進行第二部分。

第二部分就是給予回饋，推動者的角色非常重要，他不能參與發言，必須保持中立第三者的身分，可是又要能夠在冷場的時候帶動氣氛，同時也要能夠提出和解釋疑問、提醒被忽略的細節。同時最重要的是，推動者還必須在白報紙上，忠實而精準地記錄發言人所用的言詞。

會議結束後的事項

這個會議的主持人也是推動者，必須掌握適當的時機來結束會議。會議時間的長短與參加的人數有關，通常最適當的人數在二十位左右，太少了會出現冷場，太多了會讓會議變得冗長。

會議結束以後，推動者必須謝謝所有的參與者，將這最好的禮物送給徵求回饋的人。

接著把所有記錄發言的白報紙，帶給徵求回饋的人，讓他一條一條看完。如果有任何疑問，可以當場解釋清楚。再次強調，參與者都必須以正面心態來對待這些真實回饋，並將它視為上天給予的最好禮物。

徵求回饋的人在拿到回饋之後，要仔細分析瞭解，並選定幾個自己認為必須改變的地方，然後集合所有參與的人，向他們道謝，告訴他們自己的目標和行動計畫，請他們繼續參與、支持自己完成改變。

這個時候就是「最真實的一剎那」，它的強烈程度，可以改變過去「負面的一剎那」。但是如果沒有任何改變，就只會讓自己的失分繼續擴大。

藍教授的反應

等我把記錄回饋的白報紙交給藍教授以後，我很驚訝地發現，藍教授立刻把這些回饋照相並張貼在他的臉書上。把自己學生和助理的回饋赤裸裸地展現出來，充分展現了他面對回饋的正面心態。

同時，他也在臉書上發表了名為〈認識自己〉的短文如下：

> 程老師在幫我瞭解學生心目中的我，他是費了不少功夫。首先，他先跟大家解說做這件事的目的，這不只在說服我，很自然地，也在說服學生，畢竟我如果進步了，學生是第一個受惠的。
>
> 再加上這樣的上課內容，對學生、助理都是全新的經驗，因為新鮮，大家不只接受度高，而且都會感到收穫滿滿。
>
> 程老師講話慢條斯理，邏輯清晰，要表達的重點明確，而且非常善於舉例子。例如他說，多數人都不太認識自己，他就舉錄音為例，我們雖然天天講話，也聽自己說話，但往往對自己錄下來的聲音感到陌生，總不太相信那是自己的聲音。
>
> 坦白說，我不只對自己的聲音感到陌生，我也從來不太敢聽自己的聲音，甚至看自己的影

片。這意思是，我不只不瞭解自己，而且怕面對真實的自己。這聽起來不可思議，但卻是事實。我想，許多人，甚至多數人，可能都跟我一樣。

不敢面對自己的人，多半是對自己信心不夠。而要改進，勇敢地去認識自己、面對自己，自然是很重要的事情。

另外他也發表了名為〈反省改進〉的短文如下：

昨天程老師整理了五十點學生印象中的我，他很訝異我竟然全文照登在臉書上。我說我最大的好處是不怕面對自己的缺點，但臉皮厚、不要臉，倒也是有的。

其實這五十點，跟我自己的印象裡的我，差別不算太大，但不好的，我是得好好反省的。昨天吃飯時，程老師語重心長說，崇文啊！挑個幾樣開始改起，讓學生看到你的誠意，例如衣服常換，都好。

昨夜喝了不少酒，最後只剩程老師、Thomas跟我，散席時他們坐捷運回去，我則走路。雖是走路，但一路就像是一個醉漢踉蹌回家，該是那副模樣吧。還好夜已深，路上行人不多，否則真是有礙市容。我到了家，澡沒洗，就倒在床上睡著了，再醒已是午夜。

這個年紀再認識一下自己，也不是壞事，我雖有反省的習慣，但許多面向自己是看不到的。我想我這個人固執、任性，不太體諒、同理別人，身邊的學生、朋友甚至親人，該是受了不少委屈。真是對不起。

程老師，會的！我會挑幾樣，認真地改善的。

結語

讀者們，尤其是藍教授的學生與助理們，看到了藍教授這兩篇短文應該會非常感動，並且對藍教授產生很大的信心。這個就是收集回饋的目的，也是「如何瞭解自己」的最好方法。

畢竟在學術環境裡，訊息都比較透明，也比較少有勾心鬥角、爭權奪利的事情，所以藍教授對於學生和助理們給他的回饋，大部分瞭然於心。他所需要做的，只是堅定執行後續的改變而已。

如果是在職場上、企業裡，老闆或主管集合屬下進行回饋收集的話，我相信結果會非常出乎老闆和主管的意料之外。華人企業文化本就比較重視威權，長官和下屬所處的地位更加不平等，因此老闆和主管會更加聽不到真實的話，看不到真實的自己。

對於有心改變的老闆和主管，歡迎各位試試這篇文章所介紹的回饋收集方法。但得到回饋之後，最重要的還是改變自己，否則仍然是浪費大家的寶貴時間。

後記

每個人都會有多重「性格」，面向不同的群體，就會展現不同的反應與行為。究其原因，是由於「自己」與特定「群體」之間的權力、地位「不平等」所造成的。

這種行為表現差異，主要是為了保護自己，避免受到「不平等」的傷害。因此在政府官員、老闆與主管、老師與長輩、客戶與買方、有權有勢、社會名流等人的面前，就會隱藏自己的本性，顯現出弱勢的行為。另外一方面則是因為與群體的遠近親疏有別，而刻意隱藏自己的本性。所以才會有交淺言深的顧慮，和「酒逢知己千杯少，話不投機半句多」的感慨。

什麼時候最能看到一個人「難移」的「本性」呢？

一、處於特定環境：在鍵盤後面遨遊網路世界的時候、手握方向盤在開車的時候、打麻將的時候、酒喝多的時候、打高爾夫賭球的時候，人的本性特別容易顯現出來。

二、權力凌駕於他人時：電視上的名嘴、網路上的網紅、面對著學生的老師、病人上門求診的醫師、主管單位的政府部門官員、店大欺客的餐廳服務人員等，這時候由於權力地位的不平等，人的本性特別容易顯現出來。

有理性的人都想要「瞭解」自己，但是都找不到「鏡子」來看到真實的自己。這面鏡子就是來自周遭人的「回饋」。

要找到這面鏡子，首先在心態上要承認，「回饋是上天給你的最好禮物」，對於願意給你回饋的人，要有感恩的心態。第二個就是方法，也是本篇文章的重點。我把過去我在職場上使用的方法，分享給各位。

邀請參加「回饋收集時間」的對象，就從你「權力凌駕於對方」的群體開始。

7 如何調整自己，成為一個「無我」的人？

當你扮演好越多人的「配角」時，成就就越大。而當你只顧著追求自我、扮演主角的時候，你所能服務的人數就變少了。所以，演好配角、成為別人人生中的貴人，反而更能幫你成就自我。

為什麼在職場上拚搏時，最大的敵人不是外面的競爭對手，也不是內部的同事，而是「自己」？

俗語說：「事不關己，關己則亂」。只要事情不牽涉到自己，大部分人都可以很客觀、很理智地來處理。然而一旦牽涉到自己，那麼利益就混雜其中，而最不瞭解的敵人（自己）就會牽扯進來，與理智敵對。

關鍵就在於，每個人心中都有一個「我」在控制著自己。那麼，我們就先看看東西方文化之中，兩個最具代表性哲學和宗教對「我」的說法。

西方哲學的「我」

十七世紀法國哲學家笛卡爾（René Descartes）的名言「我思故我在」（I think therefore I am），意思就是「我思想，因而意識到我的存在」。

我們以為正確的日常知識，常常被發現是錯誤的，對此大家都習以為常。嚴謹的笛卡爾卻極為不滿，他認為知識應該是「正確無誤的」才對，但是在我們的知識系統裡面，卻混雜了不少錯誤的觀念。

笛卡爾認為，只要「可被懷疑」就可能出錯，無法成為知識的基礎，只有透過不斷懷疑，最後留下無法懷疑的東西，才可以用來建立知識。笛卡爾稱此為「懷疑論方法」（method of doubt）。

為了找到這個無可懷疑的基礎，笛卡爾建立了兩個經典懷疑論證：一是「惡魔論證」，一是「夢境論證」。根據這兩個論證，我們的知識幾乎都可以被懷疑，無一倖免。要麼就是有個全能的惡魔在欺騙我們，要麼就是有可能我們根本身處在夢境之中。

那麼，還有什麼東西是無法懷疑的？笛卡爾認為，那就是「我正在懷疑」這件事。因為，無論我在懷疑什麼，都無法懷疑「我正在懷疑」這件事，因為當我懷疑自己是否正在懷疑，我也是在懷疑，因此「我正在懷疑」本身是無法懷疑的。

如果「我正在懷疑」是真的，那麼「我存在」也必須是真的，因為前者蘊涵後者：不可能「我正在懷疑」，但「我」卻不存在。因此，笛卡爾就把「我思故我在」稱為知識的第一原則，也就是一切知識的基礎。

我不是哲學家，我也無意討論這個數百年來廣為西方哲學領域奉為圭臬的知識第一原則，但由此可知，西方的知識體系是從「我」這個源頭發展、建立起來的。所以可以總結說，在西方的知識體系裡，「我」是好的。

東方佛教中的「我」

在佛教術語中，「我」通常指作為輪迴主體的「自我」，而古代漢譯典籍中，就將這個字的梵文原文譯為「我」，不跟一般人稱中的「我」區別。而現代在佛教文章中，則常譯為「梵我」以示區別，也有人將它意譯為「主體」，或是俗稱的「靈魂」。

在佛教中，輪迴主體的我稱為「人我」，而佛法中的本性則稱為「法我」。個人的錯誤見解稱為「我見」，個人的執著則稱為「我執」。

在佛教的最基礎教義「三法印」中，提出了「諸法無我」的概念，意思是說，人對「自我」的認識和執著都是虛妄的。人的身體是由物質組成，沒有一丁點是真正屬於自己的。人也沒有靈魂，而是神識（意識）隨著業力（行為）流轉而已。

因此，佛教從根本上就否認「我」的存在，認為「我」只是神識暫時停留的地方，而且認為「我執」是一切痛苦的來源和惡業的開端，若消滅「我執」便可以得道、脫離輪迴。

我並非佛教皈依弟子，對佛法的理解也不深入，身為一個現代企業的經營管理者，我無意深入討論東方哲學（如《奧義書》〔Upanishads〕）和宗教（佛教、印度教〔Hinduism〕、錫克教〔Sikhism〕、耆那教〔Jainism〕等）對於「我」的論述。但是，由以上佛教的論述看來，「我」似乎是不好的。

管理者眼中的「我」

有人把企業的「企」字拿來解釋企業的組成，如果把「人」拿掉的話，那麼只剩下一個「止」。也就是說，企業是由人組成的，沒有了人，企業就會停止運作。

人的本性和動機就是從「自我」出發，而本性本來就有「善」與「惡」兩個面向。管理者並非專業的心理輔導師，所以不要嘗試改變部屬的本性，重點在於：**透過管理，充分放大員工個性上的優點和人性中善的一面，並讓員工的缺點和惡的一面，對企業經營成果的影響降到最小。**因此，企業有各種激勵和獎懲制度，來激發員工的潛能，為企業創造最大的價值。

在經營管理的實務上，企業不能夠像西方哲學一樣，認為員工的「自我」都是好的，還是必須建立管控和防弊的機制。但也不能像東方的佛教理論一樣，認為「自我」都是不好的。人性化管理、以信任為基礎的團隊合作、管理階層的領導魅力、價值觀與文化等，都是企業必須建立和具備的基本能力。

「我思故我在」還是「眾思故我在」？

我在〈你真的瞭解自己嗎？〉和〈如何瞭解自己？〉兩篇文章中都提到，「真實的自己」就是周遭人眼中的自己，不是主觀意識認定的自己。

笛卡爾的「我思故我在」，是西方哲學中知識的第一原則，也是一切知識的基礎，但就如同在學校中學的許多知識一樣，很難應用在現實世界的企業經營管理實務上。

因此，我在管理實務中，反而認為是「『眾』思故我在」。也就是說，周遭眾人心中和眼中認定的我，才是真正的我，我才會存在。這種想法，不僅能夠幫助自己更加瞭解自己，而且可以調整或減少「以自我為中心」的心態。

前世今生

為什麼你周遭的人非常重要？在東方的宗教中，大多都會提到「因緣果報」和「輪迴轉世」，但在西方宗教和哲學中，則很少有人提及。

有一本我很喜歡的書，叫做《前世的因，今生的果》（*Miracles Happen*）。作者布萊恩・魏斯（Brian L. Weiss）是美國耶魯大學（Yale University）醫學博士，曾任耶魯大學精神科主治醫師、西奈山醫學中心（Mount Sinai Medical Center）精神科主任。

他專攻生物精神醫學與藥物濫用，曾發表多篇論文，並帶領許多研討會與專業訓練計畫，是一位在心理治療、精神藥物的研究上備受尊敬的科學家。

一九八〇年，他在為一位病人進行催眠治療時，突然從病人口中聽到生命輪迴的事，被催眠中的病人表示，自己「至少有八十六次的前世」，並清楚描述了許多世的生活情景。他在震驚、懷疑中，不斷探究事情的真相，最後他不得不甘冒西方世界之諱，大談生死輪迴，並且把這段心理治療的經過以小說故事方式呈現，出版了這一本難得的好書。

我從這本書中學到的重點，就是生命是無限的，「我們不曾真正死過，只是變換意識層次」。許多人回溯自己的前世，都看到自己在不同的身體、不同的時空裡，扮演不同的角色，多次死亡又重生。我們從前的親人也是不朽的，不曾真正和我們分離過，他們經常在另一個輪迴中，以不同的身分、角色和我們重逢，陪伴我們一起學習人生的功課。

我很尊敬的夏祖仁波切曾經跟我說過，他沒有辦法證明輪迴的存在，但如果這世界上的人相信輪迴，那麼人類就不會過度開發、耗盡地球的資源。因為，未來的後果還是自己輪迴來承擔。

所以，我選擇相信輪迴，也選擇相信《前世的因，今生的果》書中說的，你在短短一生當中所碰到的人，都是有原因的，或許他們就是你前世的親友，因此他們給你的回饋，是來幫助你這一生的學習。

主角或是配角？

每個人的人生都會扮演許多角色。假設每個角色就是一頂帽子，那麼從出生就開始戴帽子。對父母來說，我們就是子女，對祖父母來說，我們就是孫子女。對每個家庭或家族成員，我們都分別戴上了不同的帽子。

隨著我們成長，遇到的人、主導的人不斷增加，我們人生的角色也不斷增加，帽子也越戴越多。就學以後，成為學生、同學；工作以後，成為部屬、主管、老闆；成家以後，成為父母、親人。

在所有人生的角色當中，只有在自己的人生故事裡，我們所扮演的是「主角」。面對周遭的人時，在別人的人生故事裡，我們所扮演的全是「配角」。也就是說，我們一生當中戴過成千上萬頂的帽子裡，只有一頂是主角，其他的都是配角。可是由於人對「自我」的執著，讓我們只喜歡演主角，而不去扮演好配角。試想在一部電影裡，如果只有男女主角，沒有其他配角或路人甲乙，那麼這部電影會是多麼枯燥無味呢？

在退休後，我開始回顧我的人生，發現扮演配角的時候，才是我學習速度最快的時候，當我執著於扮演主角的時候，我就會掉入「忙、盲、茫」的陷阱。我也發現，當你能夠扮演好越多人的配角時，你的成就也就越大，這一點在進入第二人生時尤其明顯。雖說在第二人生中，一個人的成就未必只是名利與財富，但是很現實的就是，一個人的名利與財富，往往跟能服務的人數有正向關係。

當你只顧著追求自我、扮演主角的時候，你所能服務的人數就變少了，演好配角，反而會幫助你「成就自我」。

結語

進入第二人生之後，學歷只是一個幫助你「敲開大企業金字塔底層門」的工具，一旦登堂入室，就不看學歷、只看能力了。而每個人也都在努力學習，希望能夠攀爬金字塔的梯子往上層走。

在攀爬的過程當中，每個人都會習慣性地「往上看」，瞭解上級主管的喜好，希望得到他們的青睞，爭取升遷的機會。而「往上看」就是在扮演主角，為自己的利益打拚。一旦你得到升遷機會，成為主管的時候，你要開始學著「往下看」，你的一言一行、一舉一動，都會影響到你部屬的工作與生活。而「往下看」，就是開始扮演配角的角色。

這幾篇文章，談到了如何從周遭的人眼中瞭解自己，如何舉行「回饋收集時間」、從屬下口中得到回饋，目的就是要減少「自我」的心態，才能夠成為一個更好的管理者。

這篇文章的主旨，就是提醒讀者們：你或許做不到「無我」的地步，但仍然要扮演好配角，成為周遭人們的人生貴人，才是成就自我的正確做法。

8 服務別人，成就自我

在生生世世的輪迴轉世中，自有其因果和緣分，才會再見面，即使是偶然擦肩而過，或是和你糾纏一生的人，都是你不該忽視的。所以，在努力經營自己一生的故事時，扮演好「主角」之外，也別忽略了要扮演好你的「配角」角色。

在除夕，我順手寫了一段短文〈當配角有什麼不好？〉，沒想到得到了相當多的讀者好評。在我的第一個臉書帳號按讚數接近一千六百個，留言數接近一百則，第二個臉書帳號的數字則分別是一千二百和八十。

當配角有什麼不好？

我在上一篇文章裡面提到，不要只想當自己人生故事裡面的主角，要想想怎麼當好別人故事裡面的配角。有讀者傳私訊給我，問說為什麼不當好自己的主角，而要去當別人的配角？有什麼好處呢？在這裡一併回答，並且分享給所有的朋友們。

我從年輕的時候就喜歡唱歌，我的歌聲並不好，沒辦法成為一個歌星。但是，我覺得一首歌裡面，最好聽的並不是主唱的部分，而是和聲的部分。所以，我喜歡在別人主唱的歌曲裡面，唱和聲的那一部分，特別好聽。我也發現，當去卡拉OK唱歌的時候，每個人都搶著唱，只能排隊等，但是只要我會唱和聲，所有的人都很歡迎我跟他們一起唱，而且不必排隊。因為能夠唱和聲部分的配角，實在不多。每個人都想當主唱，反而讓只會唱和聲的人，特別受歡迎，不是嗎？

春節期間，讀者們仍然關注我的文章，著實令我感動。不過有些朋友可能誤解了我說「配角」的意思，而留言說「當副手比較有迴旋的空間」，或是說「紅花綠葉，紅花是主角，綠葉是配角」，或是說「團隊的領導是主角，執行的是配角」等。

更有朋友留言說，電影中不缺俊男美女當主角，缺的是扮演丑角的人。或是說，每次配角都是累積，時候到了就會變成主角。也有人說「老二主義」、「成功不必在我」。

以上的說法都是「人生道理」，值得大家學習，但是和我文章的本意，有點出入。怪我沒說清楚，再藉此短文釐清本意。

以「別人的成功」為目標

上述的留言說法，是以「自己」、「團隊」或是「任務」的成功為主，在現實生活中，確實需要有這種心態才能達到目標。而我文章的本意，卻是以「別人的成功」為目標。因此我說，每個人都有自己一生的故事，在這個故事裡面，「自己」是當然的、唯一的主角，誰也無法取代。

在自己的故事裡，會碰到無數的人，短的擦肩而過，有的人在自己人生某個階段會有密切交往，階段過了就隨之淡出。這些人，不管他願不願意，在自己的故事裡，這些人都是配角。

設想這個故事是一部電影，那麼從頭演到結束的，也只有自己這個當然的主角。眾多配角之中，有的是長輩、有的是老師、有的是老闆，相對於你的這些配角，你可能是他們的子女、學生、屬下，你可能是他們的副手、搭檔、綠葉等。

當你把角度轉過來時，你在別人的故事裡面，不管你職位多高、權勢多大、多麼出名、多麼富有，你還是一個配角。

扮演好「配角」

但是，我們不能因為是別人的「配角」，就不把這個角色演好。

《前世的因，今生的果》這本書給我的啟發，就是生生世世的輪迴轉世中，自有其因果和緣分，才會再見面，即使是偶然擦肩而過，或是和你糾纏一生的人，都是你不該忽視的。所以，在努力經營自己一生的故事時，扮演好主角之外，也別忽略了要扮演好你的配角角色。

配角是「命中註定」的角色，任務就是以「主角（別人）的成功」為目標。這才是我的本意。

圖8-1是我高中一年級同學名單和座次表的照片，這些同學都是我人生中擦肩而過的人，有的無法聯繫了，有的至今還在聚會。我們互相是主角，也是配角。希望我們的人生故事都是圓滿成功的。

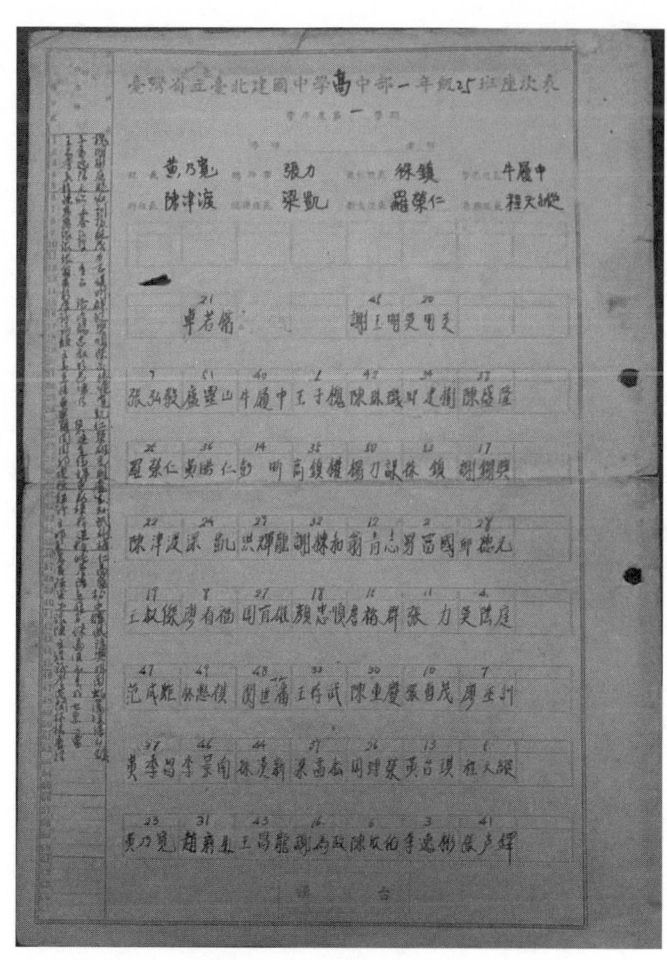

圖8-1：我高中一年級的同學名單和座次表

9 自我反省，改變自己

以周遭的人為鏡子來「瞭解自己」，做好別人故事裡的配角來「減少自我」，最後要「自我反省」來改變自己，做好這三個步驟，不僅是管理者的基本功，也可以幫助每個人成就自我。

如果要為「管理者」（manager）下個最簡單的定義，那麼一定是：「透過別人完成任務」（get things done through people）。在企業的場景裡，管理者通常是某個部門的主管，以有限的資源為企業創造最大的價值、完成企業賦予的任務。

企業所能提供的資源包括「人、機、料、法、環」，人就是部屬，機就是工具，料可以是原材料或預算，法就是增值流程（value-added process），環就是工作場所。而其中最寶貴的資源，當然莫過於「人」。

任何企業和組織的資源都是有限的，若管理者想要取得卓越的成果，除了上述的資源外，還要想辦法從外部取得資源，以便填補「權力缺口」（power gap）。有關「權力缺口」的概念，我在

〈從NBA球員看「專業經理人」必須具備的條件與能力〉一文中，有很詳細的說明，這篇文章收錄在《創客創業導師程天縱的職場力》書中，歡迎有興趣的讀者閱讀參考。

因此：**優秀的管理者必須具備「取得」、「分配」以及「運用」資源的能力。**

由於牽涉到外部資源，所以廣義來說，「人」就是周遭的人，包括屬下、同事、主管、客戶、供應商等，那麼，這些人為什麼要聽管理者的話，來協助管理者完成任務呢？

贏得人心，爭取資源

從〈你真的瞭解自己嗎？〉開始到這篇文章，就是為管理者提供一些建議和做法，來爭取「人心」，贏得周遭「人」的信任與尊敬，以便「透過人完成任務」。

以周遭的人為鏡子來「瞭解自己」，做好別人故事裡的配角來「減少自我」，最後要「自我反省」來改變自己，做好這三個步驟，不僅是管理者的基本功，也可以幫助每個人成就自我。

第一個步驟

當一個人以「自我」為中心的時候，就會目空一切，也就看不到自己，只有周遭的人才會看到真正的你。

當你以周遭的人為鏡子時，看到別人的缺點，就如同看到了自己的缺點，因為人性如此，只是每個人的程度不同而已。這時，你對他人的包容度就會大幅提高，對他人的回饋也可以接受。但是，周遭的人沒有義務告訴你這些，你必須自己主動去問周遭的人，由他們的回饋中，得到他們心目中對你的真正評價。在聽取回饋時，要心存感恩，因為「真實的回饋是來自上天的禮物」。

這是前面〈你真的瞭解自己嗎？〉和〈如何瞭解自己？〉兩篇文章的重點。

第二個步驟

每個人一生都扮演許多角色，但只有在自己的人生故事裡才扮演主角，在周遭人的故事裡，你都是配角。一生的時間有限，當你花較多時間在扮演好每個配角角色，扮演主角的時間就會大量減少了。

為什麼說人的欲望是無窮的？因為欲望都來自於要滿足「自我」的需求。扮演主角的時間變少，「自我」就會降低，欲望就會減少，欲望減少，失望的痛苦也就減少了。

一個「無我」的人，才能利他，利他才能贏得他人的信任與尊敬。這是前面〈如何調整自己，成為一個「無我」的人？〉和〈服務別人，成就自我〉兩篇文章所揭櫫的重要概念。

而本文的重點，則是第三個步驟，也就是每日的「自我反省」：檢視自己是否往正確的方向持續改善。

詳細的做法，我已經在《創客創業導師程天縱的職場力》書中的〈當一個成熟的專業經理人〉這篇文章提過，要成為一個好的專業經理人，必須同時培養對「人」和對「事」的成熟度。

第三個步驟

提升對「人」的成熟度，就是每天睡前的自我反省。

一、每天晚上睡覺前，反思自己一天的言行，讓後悔的事情越來越少。

二、在反思的過程中，能夠看到別人的優點。看到別人缺點的時候，就如同在一面鏡子中看到自己的缺點。

三、對人、對事、對物，都不再被表象所蒙蔽。能夠看到核心，對事理越來越清楚、越來越通徹。

在自我反省時，要用「同理心」站在對方的立場，從自己的角色中抽離，彷彿在看「別人」演戲。然後你問問自己，你會喜歡「你自己」這個角色嗎？還有另外一種做法可以參考，在心目中選定一個標竿人物（role model），是你最欽佩、最尊敬、你希望將來成為和他一樣的人。睡前檢視自己，如果發覺自己有越來越偏離標竿行為的時候，就要反省改進，讓自己的行為越來越接近標竿人物。

每個人心中都存在著天使和魔鬼，要判斷自己的行為是天使在主導還是魔鬼在主導，其實並不困難。**只要心中有善惡的標準，就很容易反省。**

最長的距離，在還沒開始跑之前

曾經有讀者留言說：「（這種自我反省）有點像冥想一樣，給自己時間去回顧整理，之前做過幾次，但一直沒堅持下去。」其實反省很簡單，只是很多人都不想花這個時間檢視自己的作為。如果能夠跨出這第一步，而且堅持下去，會發覺自己每天都在進步。

由於疫情的關係，很長一段時間沒有出國，多出了許多時間，所以我決定利用這個機會，每天堅持運動，把自己的身體健康照顧好。許多朋友都知道，我每天早上起床後的第一件事，就是出門慢跑十二公里，持續了一年沒有間斷。有朋友好奇地問我：「你是如何堅持下來的？十二公里的慢跑中，哪一段是最難堅持的呢？」

這就好像在問我，「千里之行始於足下」和「行百里路半九十」哪一個比較困難？而我的回答，往往讓我的朋友出乎意料之外。我認為最長的距離、最難的一段，就是從「起床到開門走出去」。

每天起床都會經過內心掙扎，尤其前一天晚上有應酬，回到家已經很晚了，晚睡加上疲勞，第一個需要克服的就是「準時起床」。再來就是碰到下雨天，起床後心中老是有一股聲音跟自己說：「外頭天黑、下雨、風大，放自己一天假吧？」碰到寒流來襲的時候，必須離開溫暖的被窩，走出門對抗體感溫度只有個位數的氣溫，更是痛苦不堪。

可是只要一旦著裝完畢，開門走了出去，所有的困難都不見了。雖然也有身體狀況不好的時候，跑了一段之後，也會有「少跑一點吧？不必非要跑完十二公里吧？」的念頭，這個時候我會在心中默念：「再長的距離，只要堅持下去，總有跑完的時候」，然後半途而廢或放棄的念頭就會消失了。

慢跑最長的距離，在還沒開始跑步之前。同樣地，要改變自己，最難的不是我這幾篇文章所建議的三個步驟，而是你是否要改變的「決心」！

10 管理工作的PDCA

在高科技浪潮的衝擊下，許多傳統產業都在為「數位化」和「轉型升級」煩惱。傳產在企業生命週期中碰到需要「轉型升級」的第一個「檻」，並不是高科技的衝擊或數位化的挑戰，而是從「創業者」到「專業經理人」的角色改變，和管理工作的轉型升級。

在本章第一篇文章〈管理者的時間都花到哪裡去了？〉中，我提到主管每天的公務工作可以簡單分為兩大類：

一、職能工作；

二、管理工作。

而「管理工作」又大致可以分成四大類：

一、計劃；
二、組織；
三、領導；
四、控管。

部門主管從最基層開始，每天至少都要花五〇％的時間在管理工作上，至於大企業金字塔組織頂層的ＣＥＯ，更要花到九〇％的時間在管理上。

那麼，究竟這四大類管理工作之中包括了哪些細項，需要管理者花那麼高比例的時間去做？在談到這些細項前，我們先從「企業生命週期」來看，處於誕生期的新創是否也需要做這些管理工作。

創業者的任務

我在「企業致勝」這個頗受歡迎主題的演講中提到過：企業要想基業長青，就必須同時做好三件事：「策略」、「管理」、「企業文化」。但是，在企業的生命週期中，這三個主角的出場順序是不一樣的。

在初創時，「策略」最重要。進入快速成長期時，「管理」左右成敗。而在進入成熟期、成為大企業之後，「企業文化」就上場了，這時，只要出了任何一個問題，都會讓企業進入衰退期。

「郭語錄」中說的「定策略，建組織，布人力，置系統」，確實是創業者最主要的工作。在創業之初，策略最重要，其他都是以類似游擊戰的方式執行，可以依照環境和形式的不同隨時改變。因此，新創公司的組織架構與人力大多是「野蠻生長」，隨著市場環境改變，而管理和電腦系統一般都是小而美，「彈性」是最主要的關鍵。

新創公司存活下來以後，會進入成長期或成熟期，這時候總不能天天還在「定策略，建組織，布人力，置系統」，必須要從「打天下」進入「治天下」的階段。如果創業者缺乏大公司的治理經驗，這時就可以考慮引進專業經理人，來改變管理工作的內容和重點。

專業經理人的管理工作

一、「定策略」變成「做計畫」：計畫的內容包含部門的使命、願景、計分卡、策略方向、策略規劃，以及行動計畫。

二、「建組織」變成「組織優化」：組織優化的工作內容，包含部門的商業模式、增值流程、優化組織架構、授權、制訂工作關係。

三、「布人力」變成「領導部屬」：具體的內容包含決策、溝通、甄選人才、發展人力、激勵和考核、薪酬管理等。

四、「置系統」變成「管控工作」：內容包含績效評估標準、規章制度、程序、報表、審核、評估、糾正錯誤。

這是一個非常重要的管理轉型，創業者的角色將會轉換成經營管理者，所以管理工作的內容也要隨之轉變。

在《貞觀政要》一書中，唐太宗問房玄齡和魏徵對「打天下」與「治天下」的看法，最後的總結是「創業維艱，守成不易」。其實企業的發展，不像古代君王打下天下以後，子孫只能守成，在當今的市場競爭環境中，企業必須持續追求發展，否則留不住人才。

而企業如何將創業時期使用的拼裝車，改造成一部現代化的跑車？更何況同時還要求發展，這就如同在高速奔馳的拼裝車上換零組件一樣，充滿了挑戰和困難。

管理工作的PDCA

在本章的第二篇文章〈管理者必須具備的兩項基本能力〉中，提到了美國學者戴明提出的

「PDCA循環」，而PDCA就是所謂的「目標管理」流程。每個部門在年度目標訂定後，就透過以下四個階段展開行動計畫，並且執行、檢討、改善修正，以確保每次的目標都能達成：

一、規劃；

二、執行；

三、查核；

四、行動。

而管理者的工作，正是針對部門的使命與目標來運用PDCA，不停地動態循環著（請參考圖10-1）。

計劃	組織	領導	控管
■ 使命	■ 商業模式	■ 決策	■ 績效評估標準
■ 願景	■ 增值流程	■ 溝通	■ 規章制度
■ 計分卡	■ 組織架構	■ 甄選人才	■ 程序
■ 策略方向	■ 授權	■ 發展人力	■ 報表
■ 策略規劃	■ 工作關係	■ 激勵和考核	■ 審核 C
■ 行動計畫		■ 薪酬管理	■ 評估
			■ 糾正錯誤
P		D	A

圖10-1：管理工作與PDCA

結語

在高科技浪潮的衝擊下，許多傳統產業都在為「數位化」和「轉型升級」煩惱。其實仔細想想，為什麼小型企業多，大型企業少？為什麼大部分的小型企業，都不是因為高科技的衝擊而滅亡？為什麼因為高科技衝擊而衰退滅亡的，大多是中大型企業？

對於傳統產業來說，在企業生命週期中碰到需要「轉型升級」的第一個「檻」，並不是高科技的衝擊或數位化的挑戰，而是從「創業者」到「專業經理人」的角色改變，和管理工作的轉型升級。

新創公司的失敗，大部分都是因為策略錯誤。而大部分存活下來的小型企業，則是因為過不了這個「檻」而失敗，與高科技或數位化無關。

11 管理者的責任有多大？

管理者的責任有多大？管理者要做哪些事？其實部門主管和公司的總經理之間，並沒有多大的差別。部門主管要為部門負全責，公司總經理要為公司負全責，差別就在於主管的範圍有多大。

我在服務過的企業當中，受惠普的影響最大，不僅因為在惠普工作的時間最長，也因為從基層幹起，一直到中國惠普總裁，這一路上惠普對我的培育力道也最大。

一九七九年初，我進入惠普台灣分公司服務，雖然在先前已經有三年的工作經驗，還是從最基層的「實習工程師」（staff engineer）幹起。這個職位翻譯成「實習工程師」相當貼切，就是剛進入公司、一切從頭學起，同時也協助正式的「業務工程師」（sales engineer）處理一些瑣事和雜事。在學習階段結束之後，還必須通過層層考核，才能晉升為正式的業務工程師，如果沒有通過考核就會被解職，最終離開公司。

即使已經有三年業務經驗，我的學習和實習階段仍然長達十個月。在這個期間，除了學習惠普電子測試儀器的技術、操作、應用、簡報之外，我對於惠普的歷史特別有興趣鑽研。

在這段時間學到的事情之中，有兩件事情讓我印象特別深刻。

沒有人事部門

惠普公司創立於一九三九年，可是直到一九五七年，也就是在創立十八年後，才成立了公司的「人事部門」（personnel department）。是的，當時訂定薪酬、考核等人事有關制度的部門，就叫做「人事部門」，還沒有如今「人力資源」（human resources）如此有學問的名稱。

當今世界的網路和高科技公司，確實有人嘗試不設立稱為「總部」的功能性組織，主要的依據是，進入網路時代應該要「去中心化」、減少總部的控制，才能夠更有彈性和創新能力。但是，七十年前的惠普肯定不是為了「去中心化」，而不設立人事部門。

惠普的兩位創辦人——比爾．惠利特（Bill Hewlett，全名為William R. Hewlett）和大衛．普克德（Dave Packard）——堅持人性化管理。他們認為，管理者對於人才的「選、育、用、留」都必須負完全的責任，必須親自處理，不得假手他人。直到一九五七年，因為惠普的產品事業部門不斷增加，並且分散到全美各地，甚至歐洲，所以必須有一套制度、方法、標準，來訂定薪酬、做考績、決定升遷等，因此才成立了人事部門。

我在收錄於《創客創業導師程天縱的專業力》書中的第一篇文章〈我邁入經理人生涯的第一步〉，就提過我加入惠普台灣分公司的故事。

高我三屆的交大學長吳傳誠，親自打電話給我約吃飯，原來是想要招聘我進他的部門工作。我當時還問他，如何得知我的名字和電話號碼？為什麼不是人事部門來找我，而是作為部門主管的他親自打電話給我？他回答，招聘員工是部門主管的責任，不是人事部門的事，如果想要找到人才，必須部門主管親自去找，不能透過他人。

當我瞭解了惠普公司在創立之初的十八年中，完全沒有人事部門的原因之後，對這一點更是感同身受。我自己經歷的故事，也印證了惠普「以人為本」的價值觀與文化。

小而美的產品事業部門

惠普早期是一家做精密測量與測試儀器的公司，每個產品事業部門就是一個完整、獨立的單位，擁有自己的研發、製造、行銷、服務團隊。

一九八〇年初，我與兩位台灣惠普的同事，一起到美國的工廠接受訓練，我們三個都是第一次去美國，自己租車跑了位於幾個州、不同城市的產品工廠。在科羅拉多春泉市（Colorado Springs,

Colorado）的工廠，正好碰到每個月一次的工廠員工聚餐，由工廠總經理和高層主管來服務員工，他們穿上廚師圍巾、戴上白色的廚師帽，在餐台後面為員工分餐，令我大開眼界。

讓我印象最深刻的是，總經理和高層主管幾乎都能叫出每個員工的名字，而且都直呼其名。偶爾碰到叫不出名字的，一定是新進員工，就趁著配餐的時候多聊幾句，歡迎他們加入惠普的大家庭。因為惠普有個不成文的規定，就是工廠的總經理必須儘量認識每一個員工，所以當一個工廠成長到接近二千人的時候，就會拆為兩個工廠。

惠普的價值觀和文化認為，每個員工都是獨立的個體，部門主管必須尊重部屬，這就是人性化管理的具體表現。

企業價值鏈

麥可．波特（Michael E. Porter）是美國知名的管理學家，也是企業經營策略和競爭力的權威，他以二十六歲之齡任教於哈佛商學院（Harvard Business School），成為該校歷史上最年輕的教授。他在二〇〇一年領導過「策略和競爭研究所」，也曾經擔任雷根（Ronald W. Reagan）政府「產業競爭力委員會」的委員。

他在一九八五年的《競爭優勢》（*Competitive Advantage*）一書中，提出「價值鏈」（value chain）

的概念，強調企業之所以能夠存活，主要是因為企業透過「增值流程」為客戶創造價值。這個增值流程就是企業的價值鏈，可以幫助企業在產業競爭環境中勝出。企業必須利用「價值活動」（value activities）得到更高的溢價，並且作為創造差異化的基礎，這也就是競爭優勢的來源。波特利用一個簡單的箭頭符號來代表一家企業，如圖11-1所示。

我將波特的這個價值鏈稱為「功能價值鏈」（function value chain）。因為從一個企業組織來看，這些都是「功能部門」，同時也藉以和「產品價值鏈」做區分。企業透過各種「價值活動」來將投入（input）轉變成為產出（output），並且產生利潤（profit margin）。波特又把「價值活動」區分為「主要活動」（primary activities），以及支援主要活動順利進行的「輔助活動」（support activities）。波特的重點在於從企業的角度來檢視，找出如何透過「價值創造」來增加「競爭力」，然後擴大至產業和國家的競爭力，因此在一九九八年出版了《國家競爭優勢》（*The*

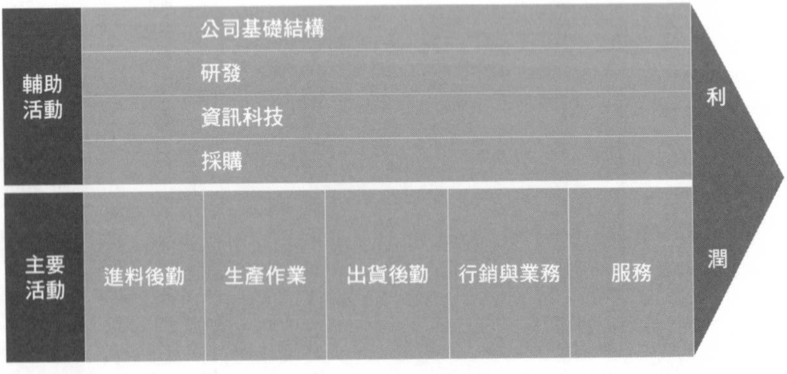

圖11-1：功能價值鏈

Competitive Advantage of Nations）一書。

我在本文中引用波特「功能價值鏈」的主要原因，在於企業內部的任何部門主管也都可以引用這個觀念，將它實踐在自己負責的部門上。企業內部的部門一定會有上游部門，而後者可以視為向自己部門提供「投入」的「供應商」。透過本部門的價值活動或增值流程「加工」，這些「投入」就會成為「產出」，而接受本部門「產出」的其他部門，就是「內部客戶」（internal customers）。

在輔助活動中，極為重要的一類就是「公司基礎結構」（firm infrastructure），其中包含人事、行政、財務、會計、法務、品質等的管理，也包含了組織架構、控制系統與企業文化等。而這些正是本章第一篇〈管理者的時間都花到哪裡去了？〉中所提到，部門主管必須花五〇％以上時間來做的「管理工作」：計劃、組織、領導、控管。每一類的細項也都在前一篇〈管理工作的ＰＤＣＡ〉中，以附圖列舉給讀者參考。

因此，從部門主管的角度來看，波特「部門價值鏈」中的「主要活動」應該是在主管的領導之下，由部門成員去完成，這也就是為什麼管理者也要花部分時間從事「職能工作」，而輔助活動正是部門主管應該花大部分時間去做的管理工作。

責任混淆

如果把波特的價值鏈用在企業上，那麼「輔助活動」就是為了更有效率地完成「主要活動」，而設置的功能性部門機構。但是把波特的價值鏈用在部門時，從部門主管工作和責任的角度來看，「輔助活動」反而應該是部門主管的「主要活動」。

於是，管理者就把自己的「主要活動」，也就是管理工作，丟給了包含人事、行政、財務、會計、法務、品質等單位的「公司基礎結構」部門。其中最重要也是最明顯的一個責任混淆，就是把部門成員的「選、育、用、留」等工作，全丟給了人力資源或人事部門，反而不認為這些是自己的責任。

結語

到底管理者的責任有多大？管理者要做哪些事？其實部門主管和公司的總經理之間，並沒有多大的差別。部門主管要為部門負全責，公司總經理要為公司負全責，差別就在於主管的範圍有多大。

從我過去三十多年的職業生涯裡，總結出一點心得，與讀者們分享。優秀而遭到提拔的管理者，和平庸（mediocre）的、經常抱怨自己這匹「千里馬」遇不到伯樂的管理者，兩者之間的差別就在於是否清楚管理者該負的責任範圍有多大，以及應該花時間處理的管理工作是哪些。

這篇文章藉著惠普的人事部門故事，以及波特的價值鏈理論，來提醒現在還在職場上擔任管理者的朋友：如果想得到上級的賞識、不斷在企業金字塔組織中獲得提拔和晉升，就應該要有正確的心態和做事方法。想要在第二人生中成就自我、創造事業舞台的讀者們，就請耐心地閱讀本章的文章。

2 CHAPTER

組織的橫向溝通——從我確診的經歷談起

12 流程設計中「不拉馬的兵」

管理者設計流程的真正重點，在於：流程越簡單越不會出錯，沒有作用的動作不要做，尤其是做不到的事情不要讓別人產生期待。

因確診而接觸公務體系

我在二〇二二年四月二十一日快篩出現新冠肺炎（COVID-19）的陽性反應，上網查詢最新規定後，依指引將所有使用過的快篩用品都放在密封塑膠袋裡，帶著身分證和健保卡走路到最近的大型醫院去做ＰＣＲ採檢。之後遵循護理人員的囑咐，回家等電話通知。晚上九點，我接到新北市警察局的電話疫調。除了對警察工作繁重的敬佩之外，我也確認了這通電話並不是對ＰＣＲ檢測結果的正式通知。

稍晚又接到慈濟醫院關懷中心的電話，我問對方「是不是來通知我確診」，對方說不是，是來瞭解我是否已經在隔離。她請我「下載新北 iCare 健康雲的 app，每天早中晚三次，自己測量體溫、脈搏、血氧、收縮壓和舒張壓。並且要每日填寫問卷，回報症狀。」在我反映家中只有溫度計，無法測量血氧、血壓和脈搏之後，她告訴我很快會收到新北市政府寄送的關懷箱，裡面有各種檢測儀器。

接下來的三天，又陸續接到幾通電話，都是來「關懷」的，包括衛生局、衛生所、區公所、里長辦公室。還有同一個單位來電第二次，可是不知道前一次有人打過電話。於是，對每一通關懷電話，我都會問兩個問題，有趣的是沒有任何一通電話可以回答我這兩個問題：一、何時會收到關懷箱？二、我的 Ct 值是多少？

又過了四天，我幾乎康復了，才收到快遞寄來的關懷箱，除了食物、飲料之外，只有快篩劑和體溫計，還是無法測量血壓和血氧。所以在十天居家隔離期間，我每天三次只測量體溫和脈搏，然後在 iCare app 中據實以報。

給管理者的警惕

平常對政府機關和公務體系接觸不多，這次確診經驗讓我親身體會到其複雜性。除了各種失誤和錯誤之外，至今我仍然不清楚：

一、究竟是哪個單位負責，正式通知我ＰＣＲ檢測結果是確診？

二、關懷箱中沒有檢測儀器，居家隔離者如何測量，然後在app上回報血氧和血壓？

三、為何電視上報導的名人，在確診之後都知道自己的Ct值？而作為小老百姓的我卻無從得知？

其實即使得到這三個問題的答案，對於確診隔離患者來說，也沒有什麼意義。我之所以提出來，只想指出：

一、組織中的流程，應該越簡單越好，不要「疊床架屋」或是增加「審查」步驟。

既然確診資料已經進入電腦系統中，任何單位去電都可以是「正式通知」，不必再增加一個步驟，由專責單位來「正式通知」。

二、確診居家隔離的主要目的在於「隔離」。

期間有任何嚴重症狀出現，居家隔離者或其家人就必須採取行動就醫，而不是只靠網路app的紀錄。尤其當確診人數爆衝、政府資源匱乏之時，網路app的紀錄根本沒有人看。所以說，iCare和關懷箱都是「不拉馬的兵」＊，既花錢又沒有作用。

三、Ct值只有對進行疫調的專業人員有用，知不知道Ct值，對確診者毫無意義。

所以，對於管理者而言，真正的重點在於：

一、流程越簡單越不會出錯；

二、沒有作用的動作不要做，尤其是……

三、做不到的事情不要讓別人產生期待。

我的三個問題都是「被告知」的：做PCR檢測時，被告知會有電話正式通知；關懷中心告訴我會有「關懷箱」，內有各種測量體徵的儀器；電視媒體報導的名人確診案例，確診者都提到自己的Ct值。

所以我認為，在以「清零」為目標的疫情初期，中重症和致死率雖然比較高，但在確診者為數不多的情況下，有些事情稍微「矯枉過正」（over kill）是可以接受的。一旦疫情進入「共存」階段時，「實用和簡化」就成為關鍵。這時，快篩取代PCR，新北iCare健康雲的app、關懷箱，甚至於「居家隔離通知書」、疫調等，都可以不要做了。

新聞媒體都在報導，疫情遲早會轉向流感化或是感冒化，政府處理流感和感冒，有那麼複雜嗎？這篇文章先談談這幾個簡單的管理觀念，至於組織橫向合作的障礙，下文再說明。

＊編注：關於「不拉馬的兵」，可參閱《創客創業導師程天縱的管理力》書中，〈從「不拉馬的兵」談企業中的無用習性〉一文。

13

組織架構學問大

前所未見的疫情，為台灣政府和人民帶來了極大的挑戰。從爆發以來，隨著病毒的變異，防疫策略也不斷改變。本文與下一篇文章的主要目的，在於參考企業組織架構變革時，對部門間「分工合作」的因應，以為政府的借鑒。

這次確診和居家隔離，給我很多機會觀察到政府防疫的缺失。身為企業退休的老兵，難免會從經營管理的角度來思考。

小缺失造成民間大反應，主要是因為牽涉到人命，究其根源，還是來自政府單位的本位主義，以及橫向聯繫與合作的問題。這些問題並非突然出現，而是在組織架構設定後就已經不可避免，只是藉由疫情突顯出來。因此，我想經由企業在組織的分工合作基礎上，思考政府機關的改善之道。

企業的組織架構

對於企業的組織，麥可．波特在一九八五年出版的《競爭優勢》一書中，介紹了「價值鏈」模型，他把企業的活動及相應部門分為主要活動和輔助活動兩種。

主要活動就是企業產品的創造、製造、銷售和服務，輔助活動指的就是行政、財務、法務、人資、資訊科技等，請見圖11-1。這種區分的重點是，主要活動是「產品」相關的，而且是一個「流程」的結構。而輔助活動就如同「基礎設施」，所有活動都必須要有，因此可以集中共用、形成規模。

企業為了進行這些活動，而成立了相對應的部門，形成了企業的組織架構。每個部門都有其特定的功能，因此這種組織架構就叫做「功能型組織」（functional organization），如圖13-1。這種組織架構最常見於只有單一「產品線」的新創和小微企業。

總經理
- 輔助部門
  - 人資
  - 財務
  - 法務
  - 行政
  - 資訊
  - 基礎設施
- 產品線部門
  - 市場　研發　供應鏈　生產　銷售　服務
  - 流程 →

圖13-1：功能型組織

當企業繼續發展壯大，就會有多種產品線出現，如同圖13-2，這時我們就把這種組織稱為「產品線型組織」（divisional organization，英文直譯為「分區的組織」）。

在「產品線型組織」中的每個「產品線部門N」，仍然以「流程」為基礎，下設有功能型部門，例如市場、研發、供應鏈、生產、銷售、服務等。因此，每個產品線部門N，都是一個完整的「產品線部門」，正是「麻雀雖小，五藏俱全」。

根據產業、產品、規模、策略的特性，有些採用「產品線型組織」的企業，必須要共用功能性的資源。例如半導體產業的晶圓廠，產能非常龐大，而產品線又是少量多樣，在這種情況下，所有產品線部門就必須共用晶圓廠。另外一個例子是，布局海外市場的企業，在海外多處設點，就不可能在每個國家都設有產品線的銷售部門，否則成本和管理都會是大問題。對於這種企業，最好的解決辦法就是共用銷售部門。

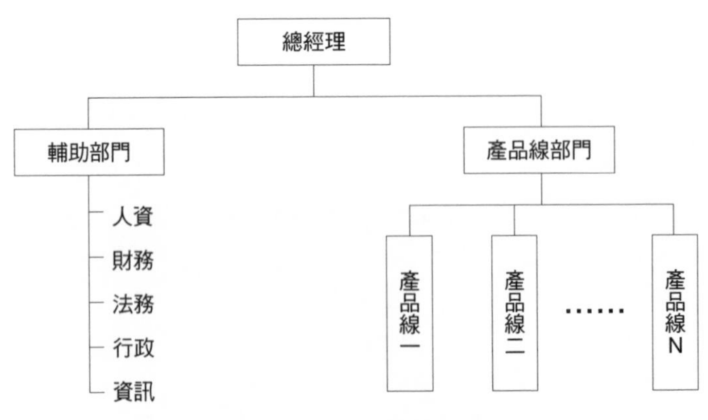

圖13-2：產品線型組織

諸如此類的例子不勝枚舉，產品線部門可以共用各種功能性資源，以便形成規模優勢、降低管理成本。因此就出現了附圖13-3的「混合型組織」（hybrid organization）。

當企業繼續成長壯大，為了分散風險及跳脫營業範圍的限制，透過新創或購併的多角化策略，形成了如同附圖13-4的「集團型組織」（conglomerate organization）。「集團」的解釋是：一群功能不同、個別運作，但屬於同一擁有者的公司（a group of diverse companies under common ownership and run as a single organization）。

由此可見，集團型組織是由多個獨立企業構成，在單一所有權之下運作。這些獨立企業之間，可以是上下游的垂直整合關係，或是同一產業多品牌的水平聯盟關係，也可以是不同產業、毫無關係的企業。

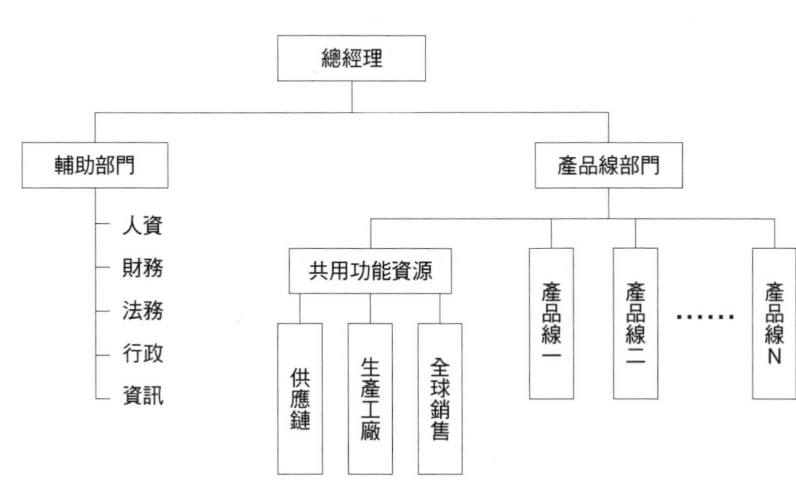

圖13-3：混合型組織

集團企業在單一經營團隊的管理下，最高決策者可以是一個人，也可以是多人的決策小組，其下往往需要設立「集團中央」或是「總管理處」，以便集團企業能夠擁有「資源共享」、「規模共有」、「資訊共通」的競爭優勢。

由於「集團型組織」規模太龐大，其下企業的獨立性也較高，因此「中央單位」不僅具有「輔助」功能部門，而且會有「產品流程」相關的功能部門，例如研究所、採購、技術平台、自動化、數位化等。有些集團將「中央單位」統稱為「周邊單位」，隸屬於「輔助」的功能部門就叫做「文周邊」，而與「產品流程」有關的部門就叫做「武周邊」。

在集團型組織架構下，產品相關的部門與主管不再是要角，反而與財務有關的中央單位，變成了主流部門。例如資本操作、投資併購、策略規劃、人力資源等。

台灣有些集團多年虧損，股價和市值下跌，陷入經營權爭奪戰。所謂「市場派」大多是以財務操作為主流，而「公司派」則以產品技術為主流。當市場派奪得經營權時，大部分都會找到懂產品和產業的

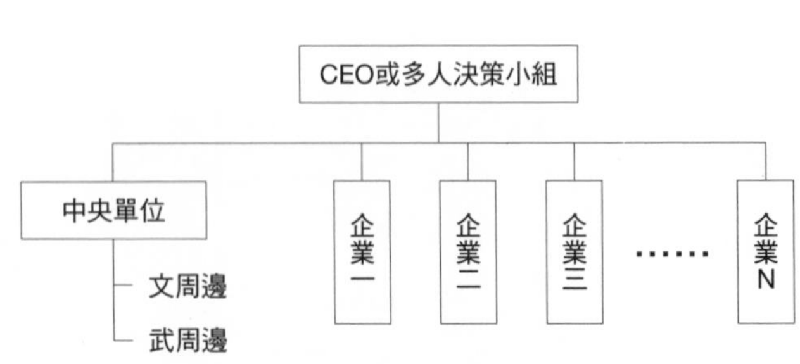

圖13-4：集團型組織

專業經理人，擔任集團總經理職務，以便和自己互補，但是往往以失敗告終。究其原因，離不開雙方對「主流」的認知不同。專業經理人大多是以產品為主流，而市場派則以財務為主流，這種認知差異，就成為雙方分手的主要原因。

政府的組織架構

接著，我試著上網搜尋政府的組織架構，以便與企業做個比較，但很快就發現，這幾乎是不可能的任務。就以國家最高行政機關的行政院為例，這個中央一級行政機關的組織編制分為三塊：

一、內部單位（圖13-5）：十六處、二室、一會。

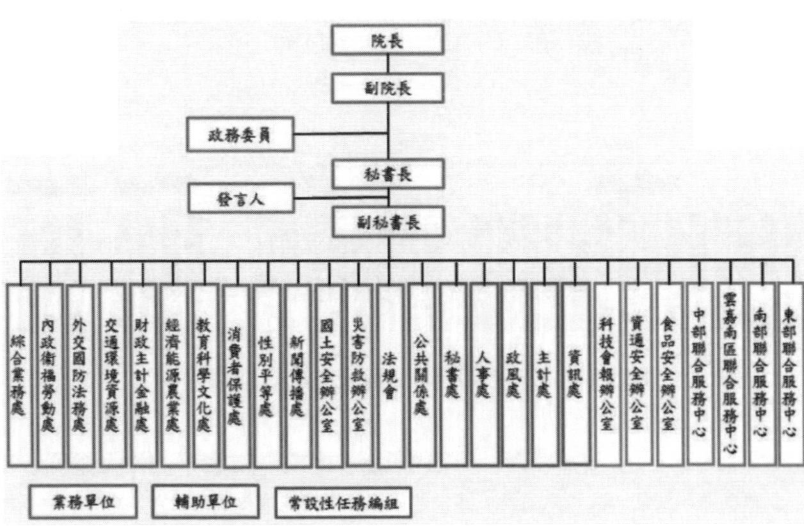

圖13-5：行政院院本部組織圖

二、附屬機關（圖13-6為未來的組織圖）：二級機關有十二部、八會、三委員會、一署、四獨立機關、一行、一院、二總處。三級機關有二獨立機關。

三、任務編組（部分在圖13-5）：常設性二室、四中心。依需設立八會、四小組、三會報。

圖13-5與圖13-6是在網路上搜尋到的，僅供參考，未必是最新的、最完整的或是現在的組織架構圖。

至於地方政府的組織圖，雖然規模沒有行政院的龐大與複雜，但是卻沒有一個統一的模式，各地方政府的組織架構圖都不盡相同，而且套句流行用語，隨時都在「動態改變」中，因此許多地方政府的組織圖在網路上找不到。只好透過朋友四處打聽，以台北市為例，拼湊出一個組織架構圖（圖13-7），當作這篇文章的參考。

企業組織架構的變革，與其成長過程有關係，也遵循某種程度的邏輯。但是政府的組織架構，不論中央或

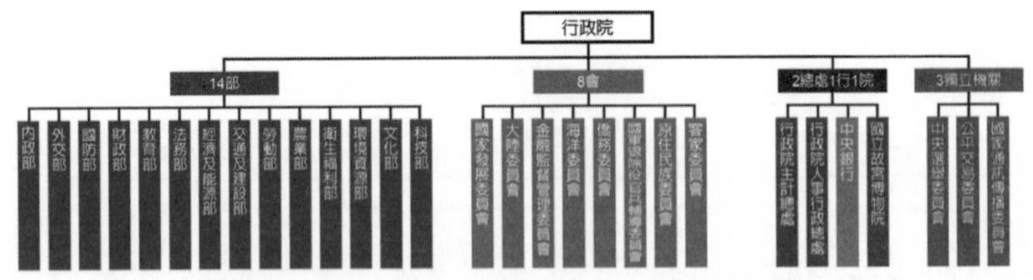

圖13-6：行政院所屬機關未來組織架構圖

備註：

1. 本組織架構為立法院九九年一月十二日三讀通過，九九年二月三日總統公布之行政院組織法修正案組織架構，其中部分機關尚待完成組織改造。
2. 一一〇年三月二十五日行政院院會通過行政院組織法修正草案，新設數位發展部、科技部改為國家科學及技術委員會，已於同日送請立法院審議。

地方，卻不容易看到歷史變遷的軌跡，因此無法分析其脈絡，找不到類似產品流程的部門關係。

但政府組織架構基本上也符合我在〈新創企業的成敗關鍵——團隊篇〉一文中所描述的五個組織特性，歡迎有興趣的讀者參考《創客創業導師程天縱的經營學》一書。

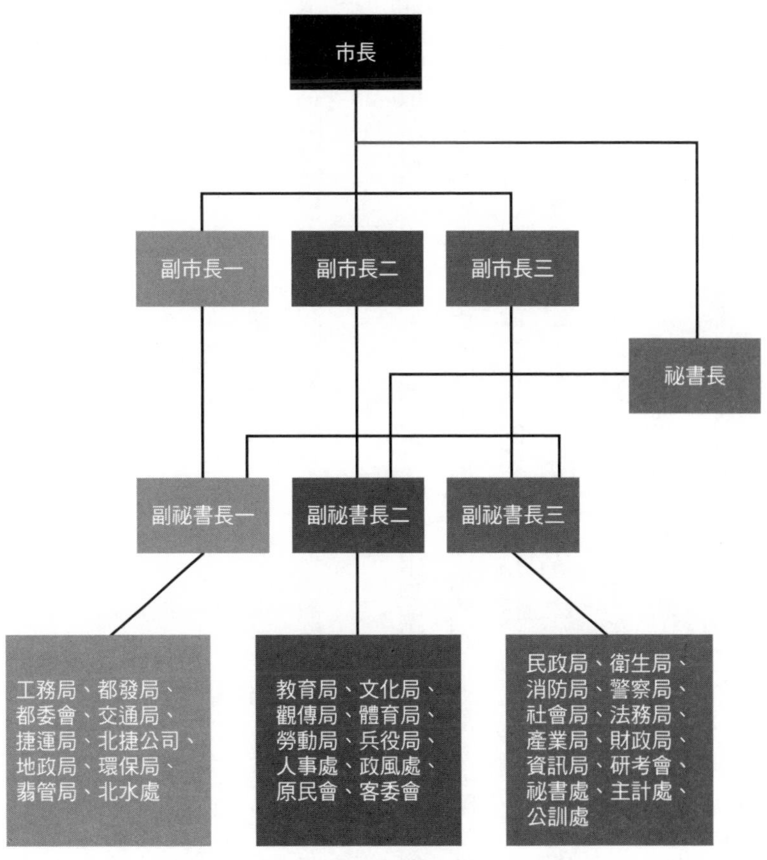

圖 13-7：台北市政府府本部組織簡圖

結語

這次前所未見的疫情，為台灣政府和人民帶來了極大的挑戰，從爆發以來，隨著病毒的變異，防疫策略也不斷改變。

總體防疫成效，台灣相較於全球算是非常耀眼，這可以從確診人數的控制、醫療資源的分配、死亡率等「硬數據」獲得證明。在自由民主的社會裡，人民不只看結果，也看過程。雖然台灣未採取封城的極端措施，仍然難免因為防疫過程中的一些缺失而飽受批評，仔細檢討缺失的原因，大致離不開部門間的橫向合作。

疫情初期，是以控制病毒擴散為目標，由單一「功能型組織」的衛福部領頭，其他部會配合支援，是合理的策略。當病毒變種為高傳染性、低死亡率時，疫情就牽涉到教育、經濟、國防、外交等領域，防疫過程和決策就變得異常複雜，組織橫向合作的問題，就更加突顯出來了。

這篇文章的主要目的是，參考企業組織架構變革時，對部門間「分工合作」的因應，以為政府的借鑒。在下篇文章中，我們將深入探討部門之間橫向合作的障礙，以及可能的改善方法。

最後，歡迎讀者們先思考一下，行政院院本部、行政院所屬機關、台北市政府（圖13-5、圖13-6、圖13-7）的組織架構，各自比較接近企業的哪一型組織（圖13-1、圖13-2、圖13-3、圖13-4）？

14 流程打破橫向合作的高牆

從企業經營的角度來看，部門間的橫向合作必須以「增值流程」為基礎，來設計組織架構。「增值流程」對於「功能型組織」、「產品線型組織」、「混合型組織」都不是問題，但對於「集團型組織」就成為巨大的挑戰。

曾經有某位台灣本土集團的大老闆，和我聊起他的心頭之痛。其集團版圖是台灣唯一擁有金融和電信的，照理說，應該在行動金融與支付業務上擁有極大的優勢。但是，旗下這兩大企業卻無法好好合作，讓他花了許多時間在解決層出不窮的矛盾上。

企業集團尚且如此，遑論龐然大物的政府機構了。團隊合作，知易行難，越小的組織越容易執行，越大的組織越難處理，究竟有何良方？

我在上一篇文章中建議讀者們判斷，幾個政府的組織架構，以及相對應企業的組織類型，讀者的看法都相當一致，政府組織架構比較類似企業的「集團型組織」。那麼，不同組織類型對於平行部門之間的橫向聯繫與合作，有什麼關聯呢？

在本文之中，先以我們熟悉的企業組織類型，來檢視平行部門之間的合作難度與改善方法，然後再考慮是否可以「應用」在政府的組織架構上，這就是這幾篇文章的邏輯和脈絡。

流程促進橫向合作

企業的組織架構類型，在上篇文章中介紹過，隨著企業的發展壯大，由最基本的功能型組織，逐步升級為產品線型組織、混合型組織、集團型組織。其組織架構，都是以滿足客戶需求的「產品」為核心，然後針對產品的定義、設計、生產、銷售、交付、服務等「流程」的分工與合作而設置的。

在企業組織架構裡，每個部門在日常工作中，就需要與其他部門有上下游的關係，產生頻繁的互動。良好的組織設計，必須要使「做事」的流程簡單、順暢，避免疊床架屋、職權責不清。這些重點在《創客創業導師程天縱的職場力》中的「職權責合一」三篇文章中，有詳細的說明，這裡就不再贅述。

集團型組織的挑戰

但是當企業成長到集團型組織時，集團變成由多個獨立企業構成，在單一經營權之下運作。這些獨立企業之間，可以是上下游的垂直整合關係，或是同一產業多品牌的水平聯盟關係，也可以是不同產業、毫無關係。在這種組織類型裡，每個獨立企業之間不見得會存在某種「流程」，來迫使企業成員之間產生日常工作互動，來提升「橫向合作」的能力。

傳統的思維都認為，集團旗下的企業，獨立經營反而效率更高，硬要強加橫向合作關係，結果會是互相牽制、互相掣肘。

而大部分的政府機關的頂層組織架構，正是類似企業的集團型組織，許多平行單位相對地比較獨立運作，專業領域也相去甚遠，因此在日常運作過程中，毫無交集。

全球議題

一旦發生類似此次疫情，爆發得又快又猛，病毒不斷變異、時間跨越數年，則跨部門的合作，就難免會出現一些缺失。尤其在當今，「全球議題」迫使國家必須合作，例如：

一、傳染病控制，和相關的疫苗研發與接種；
二、溫室氣體排放，環境汙染，ESG和永續發展；
三、全球經濟發展，貿易結盟，資金流動，供應鏈重組；
四、政治方面：民主與專制，人權與獨裁；
五、科技方面：數位化、元宇宙（metaverse）、虛擬貨幣、NFT等。

因此，每個國家將會面對更多的挑戰，迫使中央政府要有更多跨部會的橫向合作。而企業也同樣面臨這些「全球議題」的挑戰，因為各國政府的政策會迫使企業的經營管理更加重視「標準」，法遵（compliance）的力量更強大。「全球議題」並非傳統的「全球化」，有時候因為政治因素，反而會趨向「區域化」，企業經營者必須要有清楚的認識。

跨界才能創新

在企業發展到集團型組織的時候，集團中央以傳統式財務掌控，例如資本操作、投資併購等手段，來管理集團，已經不足以應付全球議題、科技、轉型升級的挑戰。這時就必須考慮，創造旗下企業之間的「流程」，例如金融與電信合作的行動支付，或是產業上下游的垂直整合等。看似毫不相干的獨立企業，可以利用新科技，創造出新的經營模式，達到「跨界創新」的目的。

使命與願景指出方向

集團型組織除了在獨立企業之間找到跨界創新的新模式、創造新流程之外，集團的使命與願景就更加重要了。因為使命與願景為每一個獨立、不相關的企業指出共同的方向，勾畫出一個共同的未來，產生綜效（synergy），提升整體競爭力。

結語

從企業經營的角度來看，要促進部門間橫向合作，必須以「增值流程」為基礎來設計組織架構，也就是說，從「做事」的角度來讓部門間合作更順暢。「增值流程」對於功能型組織、產品線型組織、混合型組織都不是問題。但是對於集團型組織就成為巨大的挑戰。中央和地方政府的頂層組織架構，比較類似企業的集團型組織，因此也面臨同樣的問題與挑戰。

根據過去的經驗，我提出了三個對策，分別是：一、全球議題；二、跨界創新；三、使命與願景。這些都是從「做事方法」和「組織架構」來提出解決方案。但是，組織的問題不外乎「事」與

「人」，橫向合作的成敗關鍵還是在於人。在下一篇文章中，我們將深入探討「人」在組織橫向合作之中所扮演的重要角色。

15 企業成長的四個階段

身為企業經營者或是政府首長，最頭痛的問題之一就是「平行部門之間的合作」。這一章的文章，就是以觀察防疫時期政府部門間的缺失作為引子，來探討企業與政府組織架構中的橫向合作問題。

「組織」不外乎「事」與「人」、「分工」與「合作」。分工的主要依據，是做事的流程，而合作的關鍵，則在於人的素質。先前的〈組織架構學問大〉和〈流程打破橫向合作的高牆〉兩篇文章，重點則在於討論組織架構的設計，也就是「事」與「分工」。

「組織架構」如同一個系統的「硬體」部分，好的硬體可以提升系統效率，而「人」則是系統的「軟體」，用於驅動系統的運作。有了良好的硬體與軟體，則系統運作順暢，企業經營者和政府首長就可以運籌帷幄，達成任務目標。

可是這個比喻如果從更新疊代的難易程度來看，組織架構與系統產品卻正好相反。系統產品的硬體部分，更新疊代遠比軟體要難、要慢，改變組織架構容易，但要改變人則是曠日廢時。

在進入正題，談到組織橫向合作的成功關鍵，也就是「人」的因素之前，我先說說故事，介紹一個「人才成長階段」的觀念。

走出台灣的幸運兒

一九九二年一月，我從位於美國加州矽谷的惠普公司總部，調到北京，擔任中國惠普的第三任總裁。中國惠普成立於一九八五年六月，是中國改革開放後，在高科技領域成立的第一家中美合資企業，大部分員工都來自中方，電子部下屬「中國電子進出口總公司」，所有的制度系統也都延襲國有企業。

為了能夠讓中國惠普能真正成為惠普全球機構的一員，需要找到一位具有足夠惠普資歷、立下過戰功、深刻瞭解惠普價值觀和文化，又能夠說當地語言、瞭解當地文化的專業經理人來派駐北京。在開拓市場的同時，還要將一個國有企業改造成一個現代化企業。而我，就是被惠普選中的這個專業經理人。

為了確保我能夠擔任這個職位，惠普特別為我量身打造一個「人才加速培育計畫」（Fast Track Development Program）。這個培育計畫長達四年，頭兩年從台灣調到香港，擔任亞洲區市場部經理，養成國際觀和接觸不同國家文化和市場。接著兩年調到美國加州惠普總部，擔任洲際總部的業務發展經理，以便更深入瞭解跨國企業總部的權力與決策運作、建立與各個產品事業部的人脈，才能從歐美調動各種資源到遙遠的中國市場。

為了讓一個土生土長的台灣人加速融入美國文化，並且學習最先進的企業管理模式，在美國的兩年期間，惠普還出學費，讓我在下班後到聖塔克拉拉大學（Santa Clara University）進修，在短短一年半內拿到正式的ＭＢＡ學位。

改造中國惠普

到了北京，雖然感覺自己如同「天選之人」，十八般武藝都已練成，任督二脈也已經打通，準備加速擴展業務，並且著手改造中國惠普，但是時年未滿四十歲的我，在平均年齡大我十五歲的中方高階主管眼中，彷彿就是一個不懂事的年輕人。

於是我犯了所有空降主管都會犯的錯：「新官上任三把火」。當時急於表現以證明自己的能力，沒有先傾聽與觀察，就貿然推動了幾項措施。其中有兩項是在惠普其他機構都是行之有年的「員工提案箱」和「員工學習中心」。

「員工提案制度」最早來自日本的全面品質管理。員工對自己工作職責範圍以外的公司事務，提出改善措施，投入員工提案箱。公司檢討採納執行後，會給提案者獎金和獎勵。「員工學習中心」的目的是鼓勵員工在工作之餘，自我學習，與時俱進。於是我在公司內部設立學習空間，內置電腦、影視設備等硬體，搭配軟體、錄影帶、書籍，搭配舒適的環境，以吸引員工自動參與。

可是在六個月以後，檢討發現成果極差。於是我親自走訪辦公室的各個樓層，發現所有員工提案箱裡面都是空空如也，而員工自我學習中心的各項設施上，也都布滿了灰塵。

而我在這六個月內，大部分的時間都在處理員工違規問題，諸如用假發票報帳、跟廠商拿回扣、貪汙腐敗，和部門之間的爭鬥、主管之間的爭功諉過、員工流失等內部的管理問題。中國惠普不但沒有任何改善，甚至有惡化的趨勢，而我的屬下主管們也都袖手旁觀，看我如何收拾這個局面。

成長階段模型

在充滿挫折感的情況下，我進行了長時間的自我反省跟檢討。我發現，企業員工的成長必須經歷四個階段（圖15-1），而且要像蓋房子一樣，先打地基，然後一樓、二樓循序漸進，不能夠打造沒有地基的空中樓閣。這個模型也可以用樓梯的方式來看，也就是要一步一步往上走，很難跨級速成。每個階段都要經過，並且修滿學分，才能往上一階前進。

這個模型可以應用在檢測個人的成長階段，也可以應用在群體上。這四個階段的名稱和定義如下（圖15-2）：

一、自我約束（self discipline）：不要做不該做的事。對這個階段的人的要求，是不求有功、但求無過，也就是不強求他做好自己的本職工作，但是規定不能做的事情，一定不能夠做。遵守法律、遵守公司的規章制度、不能違法亂紀。

二、自我管理（self management）：做好該做的事。在這個階段的人，要求做到自掃門前雪，可以先不必去管他人的瓦上霜。要努力把自己的本職工作做好。

三、自我激勵（self motivation）：幫助隊友做好他該做的事。當他把自己的本職工作做好後，就必須瞭解自己是部門的一分子，部門的績效不是靠自己一個人做好就行，要靠團隊合作才能成功。

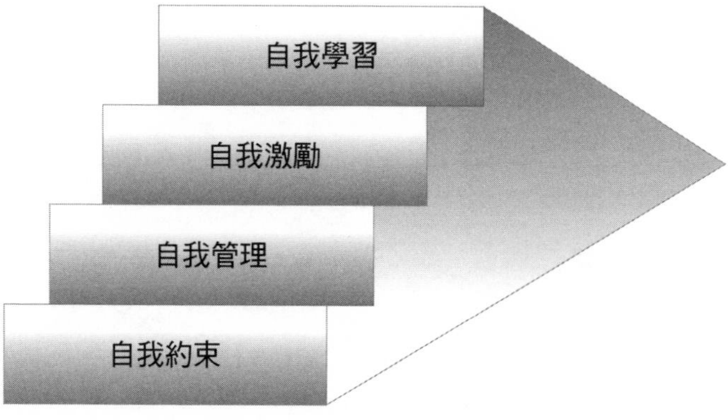

自我學習
自我激勵
自我管理
自我約束

圖15-1：成長階段模型

不需要主管的要求、同事的呼救、外部的激勵，主動幫助隊友提升能力，完成任務，達成部門共同的目標。

四、**自我學習（self learning）：開始準備未來該做的**事。當他可以做到前面三個階段目標以後，必須深刻體會到，過去的成功不可靠，還會成為未來失敗的原因。因此必須不斷地努力學習，精進自我，超越主管的期待。

循序漸進的重要性

不論是個人或群體，在自我「成長階段」過程中都必須循序漸進，不可跨越或跳級來揠苗助長。

一個無法自我約束的人，可以憑著自己的聰明才智、努力和機運，有可能在職場中攀爬至高位。但是，成就越高，掌握的權力越大，對組織所造成的傷害就有可能更

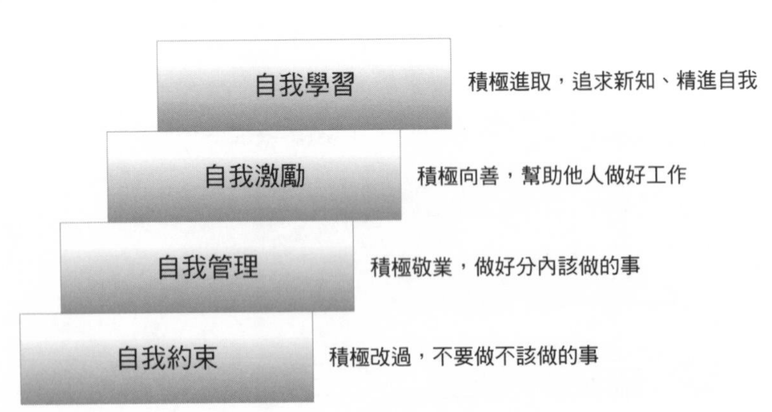

圖15-2：成長階段的定義

大。在崇拜和迷信權力的今天，擁有權力的人，其所作所為就很容易被賦予合法性。因此，為了考試成績而作弊、為了金錢而違法亂紀、為了晉升而拋棄原則、為了學位而抄襲論文、為了贏得選舉而賄選等。確實有很多人因為這些作為而成功了，似乎證明了成長階段是可以跨越而加速，但實際上因此而導致道德敗壞、是非不分、價值觀錯亂。

這四個成長階段都非常重要，也不容易修練成功，但是我認為，自我約束是最重要的基礎。如果不能夠自我約束，其他階段做得再好，也是枉然，最終對組織造成的傷害會更大，而個人也逃不過命運的最終審判。

結語

一個好的組織架構設計，可以促進橫向合作，但最終是否能成功，還是要靠「人」，因此人才的培育和管理，是經營企業最重要的關鍵。

在過去，我經常被問到，如何確保一個企業能夠基業長青、永續經營？經過多年的經驗和思考，我的答案是：「將企業打造成學習型組織」。

但是要怎麼做呢？透過我自己的失敗經驗，我瞭解到，一個組織要達到自我學習的階段，必須循序漸進。處於不同階段的組織，就有不同的問題和挑戰。身為經營管理者，必須對症下藥。

我的中國惠普失敗經驗，就源自於自己的無知與自信，這篇文章的「成長階段模型」是一個非常重要的概念。在下一篇文章中，我們再談談如何判斷小至個人、大至部門和組織，處在哪個階段的方法。

16 如何知道身在哪個階段？

企業經營者必須瞭解個人和群體的階段位置，才能對症下藥，因勢利導。因為，成長階段的提升不是「能力」問題，而是「動機」的問題。而績效考核和獎懲機制，就是提供進步動機的手段。

上一篇文章談到，企業如何基業長青、永續經營。對於這一點，我的答案是：打造企業成一個「學習型組織」。因為一個企業的成功因素，往往會成為未來衰敗的原因，唯有學習型組織才能夠不斷地學習、與時俱進，捨棄舊我、創造新我。企業或組織機構都是由「人」所構成的，因此學習型組織內部必定會有許多經歷過「成長階段模型」，達到「自我學習」階段的人。因此，「如何將企業打造成學習型組織？」答案就很明顯了。當組織中大部分的人，都已經進入自我學習階段，這個組織就是學習型組織。

組織成長階段的評估

那麼如何判斷一個群體是處於哪個階段呢？根據我的經驗與分析，至少有下列兩個方法。

一、價值觀與文化

在我赴北京上任後，發現員工有許多違法亂紀的事件，於是要求部門主管們要徹底清查和教育員工，如果由公司查到弊端，而部門主管卻不知情的，其考評也會受到影響。於是，有三位部門主管一同到我的辦公室找我理論，他們以供應商給回扣當例子：「現在中國的大環境就是如此，企業沒有辦法改變。即使員工不主動要回扣，供應商也會千方百計送到員工手裡。禁也禁不了，抓也抓不到。我們的寶貴時間，為什麼要浪費在這上面？」我回答：

> 這是惠普的價值觀，沒有妥協的餘地。雖然我改變不了大環境，但是只要我管得到的地方，就必須保證是一片淨土。

接下來我親自擔任講師，分批講課、教育全體員工「惠普的價值觀、文化和行為準則」。對於惠普的供應商，我邀請所有的老總親自到惠普來上課，還是我擔任講師。並且在課程結束後，要求供應商簽署承諾書，保證絕不主動行賄惠普的員工。若有員工主動要求回扣，則請私下告訴我處理。拒絕簽署承諾書的供應商，自即日起取消供應商資格，如果簽署了承諾書，爾後違反承諾者，除了取消惠普供應商資格外，我還會發信給在華美國商會公布事件，並且建議商會會員停止與此供應商的所有生意往來。

我這兩招果然發生作用，中國惠普的貪腐事件大為減少。由此可以判斷，當時的中國惠普仍然處於「自我約束」的階段，即使並非所有員工都做不到，但是大部分員工和主管也都默認貪腐現象，並且睜隻眼、閉隻眼。

二、統計學的常態分佈

任何一個由人構成的組織和群體，都是一個小小的「大千世界」，各種各樣的人都有。從統計學「常態分佈」（normal distribution）的角度來看，由一個組織的「中間值」（mean）的落點，我們就可以斷定這個組織所處的階段。

如圖16-1，如果群眾的人數夠多、樣本夠大，根據常態分佈，大部分的人都處於自我管理階段的話，那麼我們可以判斷，這個組織或群體就處於自我管理的階段。

那麼，我們如何判斷「個人」是屬於哪個階段呢？

個人成長階段的評估

「一樣米養百樣人」，由於出身不同，除了先天基因之外，家庭、教育、宗教信仰、社會環境也都不同，造就了每個人的思想、決策、行為、邏輯、價值觀都不盡相同。

有的人比較自我中心，有的人比較利他，因此面對不同的外在環境，就會表現出不同成長階段的行為。例如，對於工作或許只能做到自我管理，對於子女就會表現出自我激勵，對於爭權奪利，則已經達到自我學習階段，而且不斷有新的創意。所以，沒有一個人是非黑即白，不會所有行為都集中在某一個成長階段，而是看面對的外在環境而有不同的反應。

我一直是統計學的信徒，因此，從一個人的行為表現或是占據時間的多寡，依照常態分佈，

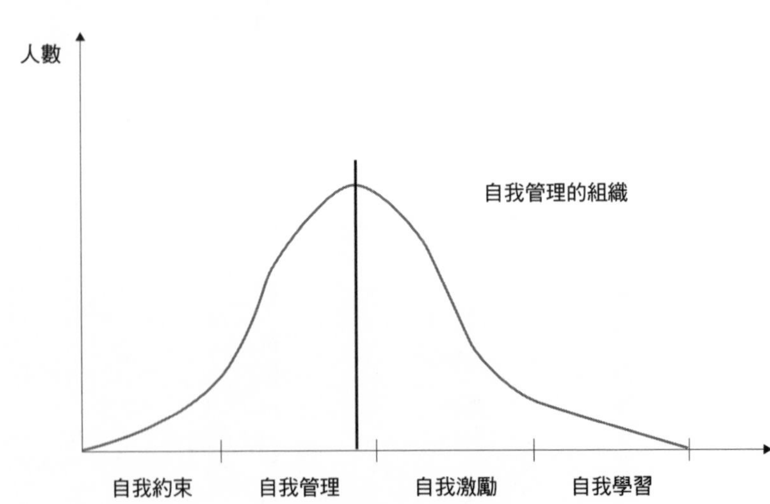

圖16-1：組織成長階段的評估

就可以判斷歸納，此人應該處於成長模型的哪一個階段，如圖16-2。

在判斷一個人的成長階段時，我發現影響最大的就是能不能「自我約束」。若是無法自我約束者，其他三個階段的行為表現都會以自我為中心，利己的事就會努力做好，利他的事就不去做。如果是能夠自我約束的人，卻無法達到更高階段，往往是能力的問題，只要給予適當的培育和啟發，就能夠往上提升。因此，我認為「自我約束」是一個人成長、成熟最重要的基礎。

我再分享一個真實故事，也發生在我剛到北京的第一年。如同前面提到的，中國惠普的薪資福利制度，都採用國有企業的低薪、高福利。「低薪」所以免繳個人所得稅，「高福利」則完全體現了共產制度的特點，舉凡日用品、食物、書報雜誌、上下班交通、醫療、住房、旅遊、返鄉等，要麼可以

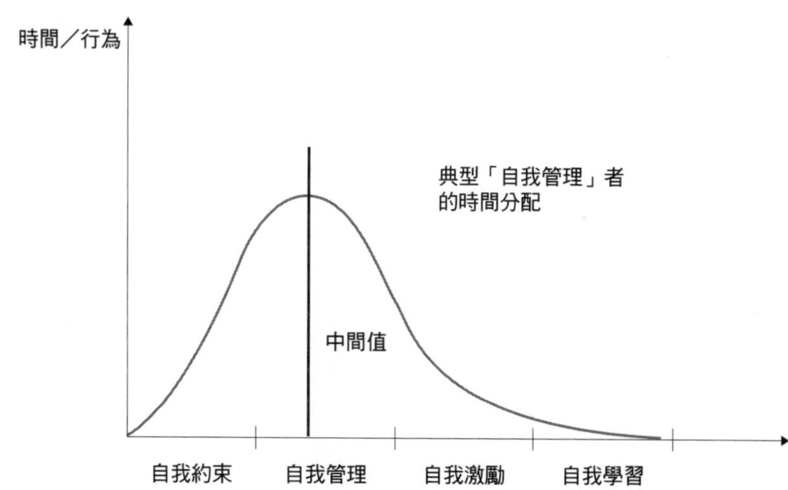

圖16-2：個人成長階段的評估

拿收據報銷，要麼由單位提供。

當時的中國惠普也就入境隨俗，由公司蓋公寓大樓，我們統稱之為員工宿舍樓。產權是公司所有，一旦分配給員工，就是員工使用，而且可以傳給後代，公司無權收回。既然是公司的產權，我特別安排了時間，去視察位於北京二環邊的這兩棟宿舍樓，同時接受邀請，去中方副總家用餐。

外表富麗堂皇的兩棟大樓，走進去一看，完全不同於外表。大廳、電梯間、各層樓走廊的照明燈、走道、外牆等，只要是公共空間都燈光昏暗、破舊不堪。可是當我走進副總家裡，眼睛為之一亮，內部裝潢堪比星級旅館，各式家用電器一應俱全。心中不免狐疑，是否因為副總位高權重而有如此的住房？於是要求到普通員工的公寓住家去看看，我發現每戶都差不多。

對於宿舍樓的公共區域，員工表現的行為，仍然在「自我約束」階段掙扎，沒有人主動去維護、保持，因此任其髒亂如貧民窟。而對於自己家裡頭，則遠超過「自我管理」，達到「自我激勵」，甚至「自我學習」的階段。別人家裡有什麼新裝潢、新傢具、新家電，馬上學習、參考、超越之。

因此我相信，成長階段的提升不是「能力」問題，而是「動機」的問題。

結語

不論是部門、企業、組織或群體，都是由「人」構成。因此透過統計學的常態分佈，只要樣本夠大，「成長階段模型」就可以用來評估判斷個人所在的階段，並且擴大至群體。

本文提供企業幾種方法，來判斷個人和群體所在的階段。對於企業員工，直屬主管可以透過細心觀察而瞭解。至於個別部門和整個企業，可以尋求專家協助，設計員工匿名問卷調查表，得知部門、企業的所在位置。

企業經營者和部門主管，必須瞭解個人和群體的階段位置，才能對症下藥，因勢利導。因為，成長階段的提升不是能力問題，而是動機的問題，而績效考核和獎懲機制，就是提供進步動機的手段。

17 政府體制與成長階段的關係

今天的世界已經進步到數位和網路時代，實體經濟漸漸被虛擬經濟所取代，產品的價值也由硬體轉向軟體。科技並不會局限在實體產品的生產，而是體現在更先進的創新和研發上，所以「創新科技才是第一生產力」。

個人與群體的成長過程都應該循序漸進，尤其是「自我約束」的階段，基礎一定要打好。對個人成長影響最大的應該是家庭教育，而對群體合作最重要的應該是學校教育。這兩個階段的教育，重點就是「自我約束」和「自我管理」。家有家規，而學校有校規和獎懲制度來約束學生。學校更有作業、考試、排名、競爭，以確保學生盡本分，做好自我管理。如果家庭和學校教育都很成功的話，企業對於剛進入職場的新人教育，就可以專注在「自我激勵」和「自我學習」兩個階段，那麼台灣企業就非常有競爭力了。

從另外一個角度來看，自我約束和自我管理兩個階段的主要目的都著重於「防弊」，而自我激勵和自我學習的最終結果則可以為企業「興利」。再深入分析，前兩個階段會加強紀律、禁止叛逆，而後兩個階段則會鼓勵員工和組織勇於創新、改變現況。

製造與研發的差異

凡事並不都是「非黑即白」的兩個極端。我必須先解釋清楚：製造和研發都需要紀律和創新，但如果把這兩者放在天平的兩端，製造所要求的紀律，在比重上遠較創新來得高，因為只有如此，才能製造出品質一致的產品。

研發當然需要創新，否則只是抄襲和山寨，但研發也需要紀律，因此才會有各種「設計規則」（design rules）。而根據無數經驗累積導出的設計規則，才會有「電子設計自動化」（electronic design automation，下稱ＥＤＡ）軟體產業的誕生。

ＥＤＡ是指利用電腦軟體工具，將各種複雜的產品設計過程自動化，以縮短產品開發時間，協助工程師設計電子產品、提高市場競爭力。這當然也包含了半導體線路設計的自動化，因此美國最近對中國半導體產業實施的ＥＤＡ禁令，才會重擊中國。

中國在改革開放以後，經濟的快速發展確實令人驚豔，ＧＤＰ成長率遠超過西方國家，這也讓中國政府出現了一種說法，認為未來幾十年將會是「東升西降」的趨勢，也就是說中國將會崛起，取代歐美國家的世界領導權。

如果仔細研究亞洲新興國家GDP成長的來源，不難看出來，主要是靠著引進外資，將製造業遷移到亞洲，真正透過自我創新科技而增加的GDP比例，其實非常低。當海峽對岸陶醉在過去三十年高速經濟成長所帶來的基礎建設改善、生活水準提高，因而高喊著「中國夢」、「製造二〇二五」、「東升西降」時，不要忘了**未來國力的展現，仍然是在科技上，而科技靠的是創新，不是製造**。

馬克思主義（Marxism）認為，科技只是生產力的一部分。鄧小平則更進一步，創造性地提出「科技是第一生產力」。可是在他們那個時代，經濟說的是實體經濟，產品說的是實體產品，無論國力或經濟，靠的是實體產品的生產和製造。在他們的年代，完全無法想像和預測到，今天的世界已經進步到數位和網路時代，實體經濟漸漸被虛擬經濟所取代，產品的價值也由硬體轉向軟體。科技並不會局限在實體產品的生產，而是體現在更先進的創新和研發上，所以「創新科技才是第一生產力」！

改變基因有多難？

在《創客創業導師程天縱的管理力》書中的〈亞洲製造移回歐美真的好嗎？〉一文裡，我記錄了二〇一五年九月二十八到三十日參加由奧地利薩爾斯堡大學（University of Salzburg）主辦、十分特殊的物聯網（IoT）論壇，主題是「重新思考科技創新——工廠、製作和設計研究」（Rethinking Technology Innovation: Factories, Fabrication & Design Research）。

我為與會貴賓上了一堂課，解釋了製造的四種模式，尤其是電子業最普遍採用的「大量生產裝配線」，說明這種僱用大量勞工的生產模式，是如何的重覆乏味、低工資，而且扼殺創新（有興趣的讀者歡迎閱讀〈亞洲製造移回歐美真的好嗎？〉瞭解細節）。

只要GDP成長，個人所得快速提高，將「世界工廠」轉型為「世界市場」並不困難，但要將世界工廠轉型為「科技創新領先者」，這牽涉到基因的改變，就沒有那麼容易了。製造業的基因建立在紀律之上，產線員工必須要能夠「自我約束」、「自我管理」。而**科技創新的基礎**，必須建立在「**自我激勵**」和「**自我學習**」上。我在前幾篇文章，一再強調個人與群體的成長過程都應該循序漸進，拾級而上。

再看看我最近發表的〈民主與獨裁的差異：賭的是誰？〉*這篇文章中，比較了民主和專制政體的差異。從「成長階段模型」來看，專制政體在要求人民自我約束和自我管理方面，比民主體制更有效率。但是要將整個民族性與文化，再往上成長到自我激勵和自我學習，就必須改變基

---

* 編注：可參閱 https://tuna.mba/p/220928。

因、改變體制，民主比專制就更有優勢了。雖然未必可以蘋果對蘋果地比較，但是從各國諾貝爾獎（Nobel Prize）得主的人數，也大概能看出體制的影響。

結語

本文比較了不同政府體制下，對於個人、群體、文化的「成長階段模型」的影響。處於專制體制下的「底層人民」，比較容易接受成長階段模型的前兩個階段，也就是自我約束和自我管理，因而有利於生產製造產業的發展。而民主體制強調的就是「以個人為本」的自由人文主義，以教育、價值觀、文化來促進自我的成長，而不是藉由外力強制個人的思想與行為。所以在成長階段模型的前兩階段，效率會低於專制政權。可是要進入成長階段模型的後兩個階段——自我激勵和自我學習，在民主體制國家成長的人民，就比專制體制國家的人民要容易得多了。

曾經有朋友挑戰我的說法：如果專制體制國家的人民，在自我約束和自我管理方面，做得比民主體制國家的人民有效率的話，為什麼專制體制國家的貪腐問題會這麼嚴重？這也是我在前面強調「底層人民」的原因，因為他們手中沒有任何權力可以與專制力量抗衡，所以面對專制，他們不是內捲就是躺平*。他們的自我約束和管理，大都是由外在力量來強制的，一旦權力在手，外在力量由自己掌握，權力就很容易被濫用了。

談完了國家政體對成長階段模型的影響，下篇文章我們就來探討一下，與讀者們有更切身關係的企業組織與成長階段模型的關係。

＊編注：「內捲」和「躺平」是近年中國大陸的網路流行用語。「內捲化」簡稱內捲，對應的英文為involution，源於拉丁語的involutum，原意為「轉或捲起來」，如同蕨葉嫩芽向內捲起的型態，在英語中有「包裹自身」的意思。內捲為社會學概念，意指「付出大量努力和犧牲，以取得微小的競爭優勢，甚至只能勉強維持現狀」的社會文化，強調個人的付出與收穫不成比例。類似的概念還有台灣網路用語「鬼島」、韓國網路用語「地獄朝鮮」。在中國大陸的使用語境，還加入了惡性競爭、向下沉淪、自我審查、苦中作樂等更負面的含義。而躺平，是指中國大陸的年輕人在經濟下滑、階級流動困難、新冠疫情造成諸多社會問題的背景下，對現實環境失望而產生「與其順從社會期望過度努力，不如躺平，無欲無求」的想法，作為對抗內捲的一種方式。實際上的行為可能表現在不買房、不買車、不戀愛、不結婚、不生子、低度消費。

18 辦公室裡的人都在忙什麼？

許多企業發展壯大之後，經營者與基層距離就變得越來越遠。採用交叉點決策模式處理內部衝突的企業，就可能失去競爭力，走向衰退和滅亡。要減少組織內耗，必須促進橫向合作，也就是架構必須以「增值流程」為基礎，並且提升員工的「人格成長階段」。

在〈企業成長的四個階段〉這篇文章中，我介紹了「成長階段模型」的概念，可以用來判斷小至個人、大至企業在成長階段模型中所處的位置。對個人來講，知道自己所處的階段，才能夠為下一步職涯發展的成長定下清楚的目標。對企業經營者就更加重要了，知道企業整體所處的階段，才能夠為企業規劃有效的制度與方案，提高組織橫向合作和經營管理的效率。

再談企業組織架構

在〈組織架構學問大〉這篇文章中，我介紹了企業的各種組織架構，並畫了圖表協助讀者們瞭解：企業組織架構就像金字塔一樣，越高層的職位越少，越基層的職位越多。

分工越細，金字塔就越高大。越底層的人就越偏向以執行或做事為主，以英文來說，做事就是do，做事的人叫做doer。越上層的人就越偏向管理或思考為主。以英文來說，思考就是think，思考的人叫做thinker。對doer最重要的是事情要做對、要依照指示去做事，不要自作聰明隨便改變。對thinker最重要的則是搞清楚「什麼是對的事」。因此，越基層的人是用「勞力」，越高層的人用的是「腦力」。

在價值創造流程裡，分工越細，橫向合作就越重要。分工越細，則對doer的技能要求越低，薪資成本就會降低，也比較方便管理。所以製造業所聘僱的作業員，學經歷要求低，人力成本也跟著降低。反過來說，分工越少，獨立性越高，對人員的技能和資歷要求就越高，橫向整合的重要性反而會降低。例如律師、會計師、醫師、教師等，專業度和獨立作業能力就必須非常高，其所依附的組織架構就會扁平化，不會形成一個金字塔。

金字塔對照成長階段模型

根據我多年的觀察、分析，我把企業的組織架構與成長階段模型結合在一起，用圖18-1來呈現。

「自我約束」是對所有人的基本要求，許多企業都會有清楚的行為準則（business conduct）來要求全體員工，對基層的doer，更以標準作業流程（standard operation procedure，下稱SOP）來規範每個動作。

「自我管理」是對基層管理者的要求。這個階段的管理者通常是因為表現良好，從doer新晉升上來的，正處在角色轉換的過程。他們的管理經驗不足，但實作能力強，也因為如此，他們負責的部門大多偏向執行，所以自我管理非常重要。

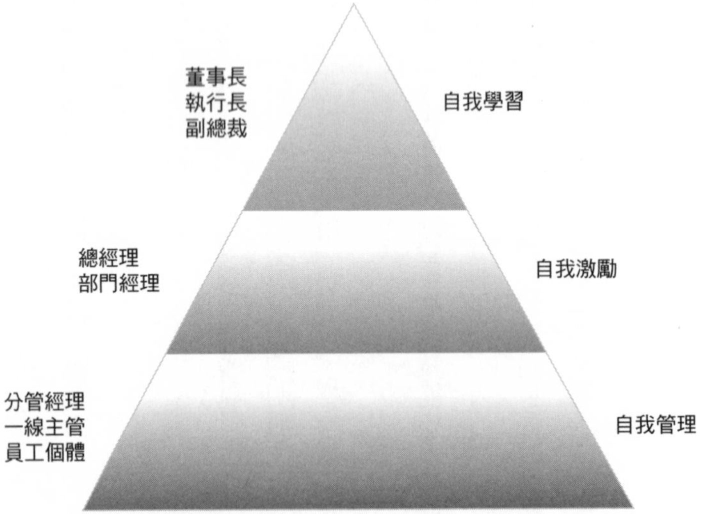

圖18-1：組織架構與成長階段

「自我激勵」對於中高層管理人員來說，是個重要挑戰。因為攀登至金字塔的中高層職位之後，管理幅度擴大，大多負責跨功能、跨專業的部門，沒有明顯的「流程」可參考，也沒有SOP可以遵照。此外，「職、權、責」三者的分離度也提高，橫向合作與資源整合越顯得重要。「自我學習」是成功企業家必須擁有的習慣與能力。因為企業領導者就如同在狂風暴雨中船上的掌舵者，要應付善變天氣的挑戰，找到新的、安全的航線。

務實的動態成長

企業要永續經營、基業長青的唯一方法，就是透過各種經營管理的手段，提升全體員工的人格成長階段，將企業轉變成學習型組織。既然所有的企業員工都需要達到自我學習階段，那為什麼還要強調金字塔不同層級職位所應該針對的重點階段呢？

這就牽涉到企業成長過程中，為目標市場創造價值的流程，會隨著科技的進步、市場需求的改變，而需要打掉重練。員工在這過程中，也會新陳代謝、有所流動，所以組織架構的改變是不可避免的。這讓企業經營者不停地面對新挑戰，在期望所有員工都能夠循序漸進、達到自我學習階段的目標下，又要能配合外在所有的改變，採取「動態成長」重點管理。

企業經營的困境

在我過去四十多年的職涯中，曾經拜訪、輔導過無數的企業，發現企業的成功通常是靠「人」，企業的衰退與滅亡往往也是人造成的。可是大多數企業經營者卻把人視為成本（cost），而不是資本（capital）。資本是需要投資的，而成本是要降低的。管理階層更是企業的重要資本，所以企業經營者必須仔細瞭解他們的時間都花到哪裡去了。

一、基層主管的時間？

以製造業為例，基層主管每天花大量時間在處理產出、績效、品質、瑕疵、損壞、丟失等突發狀況。即使製程分工越細、SOP圖文並茂，再加上全技員、線組長、品檢員在生產線上來回巡視，仍然避免不了人為的錯誤。在材料方面更是層層關卡，從進料、在製、成品、出貨不斷盤點，仍然有消失不見的情形發生。

企業希望能找到長期解決這些問題的方法，例如提升自動化、降低人為因素的影響。但是自動化不會立竿見影，而是必須靠經驗改善流程，加上大量的投資，才能逐步達成的。

因此企業採取的方法，例如「防呆」和「防弊」機制，反而是短視、疊床架屋、增加成本、降低績效的，而不是針對源頭，思考提高員工自我約束能力的方法。如果產線作業員都依照SOP，做到自我約束的基本要求，突發狀況就會大量減少。基層主管的寶貴時間就可以為企業創造更多價值。

二、中高階主管的煩惱？

基層主管的問題沒有解決，於是，每個中高階主管開始親自救火，組織架構內部開始築高牆（silo，指穀倉）、廣積糧（增加庫存、冗員），爭功諉過，逃避責任。對於其他部門的要求，因為自顧不暇而一概不理，出現重大事件時，則以鄰為壑。中高階主管只能長期處在自我管理的階段，哪有時間考慮自我激勵，以提高企業內的橫向合作和資源共享？

三、企業經營者在做什麼？

創業老闆大都對商機很敏銳，看到任何商機都不想放過，似乎永遠在創業中，無法專注在本業上，而寄望中高階主管把本業顧好。

創業者也都努力成為學習型階段的人，參加EMBA、商學院、公協會、社會團體、俱樂部等，擴大人脈，但是往往花太多時間在參加社團活動、聚餐應酬，而沒有學習到新知，或是學到新知，卻不知如何應用在自己企業裡。更糟糕的是，許多企業經營者，尤其是二代、三代，參加各種課程之後，感覺有所收穫，於是要求企業的中高階主管也去報名參加。他心裡期望著，中高階主管在參加課程之後，能夠有所啟發而應用在企業裡。這等於把自己該擔的責任，轉移到中高階主管身上。

中小企業的獨特組織架構

台灣中小企業雖然營業額不是很大，年收入從幾千萬到幾億台幣的居多，但麻雀雖小、五臟俱全，公司的組織架構不比大企業遜色。金字塔的規模雖然比較小，但是職級、職別、職稱等，都與大企業相同。於是造成了一個奇特的組織架構，姑且稱之為「橋梁式組織架構」，如圖18-2。

圖18-2中的總經理，通常管理幅度都會超過十個單位，在這個層級非常扁平，以便掌控一切、突顯其權力。而高階和中階主管，其管理幅度反而只有二或三，我把它稱之為「巴黎鐵塔式」的組織

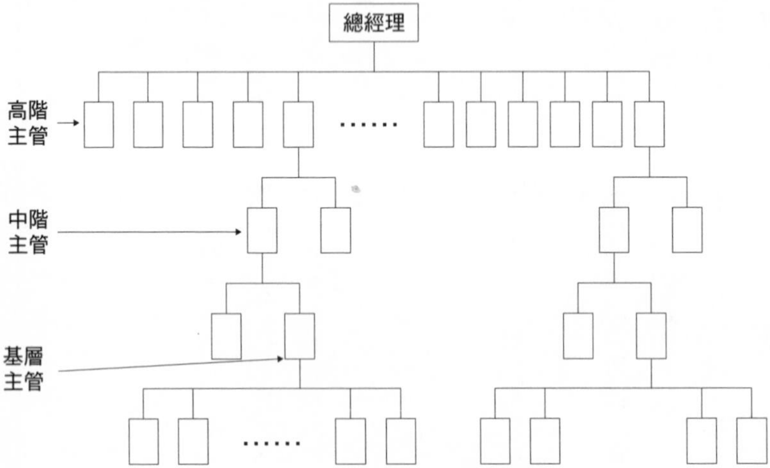

總經理
高階主管
中階主管
基層主管

圖18-2：橋梁式組織架構

架構，比起金字塔式更窄更高。至於基層主管是負責「增值流程」，是做事管doers的人，因此其管理幅度又擴大到八人以上（依行業不同而變化）。

從簡化的圖18-3之中，就可以比較清楚的看出類似橋梁的結構：橋面（總經理）和橋墩（基層主管）之間的橋柱，就是「巴黎鐵塔式」，中高階主管的管理幅度造成的。

在坊間的EMBA課程中，用的大都是歐美大企業的案例。台灣的中小企業沒有形成規模，卻要學習歐美大企業的制度，於是就出現了這種奇怪現象，明明是一家小公司，卻硬要把它拉成大金字塔架構，沒有足夠的員工和規模，金字塔中間當然是架空了。

在這種組織架構下，最好的職位當然是中高階主管，錢多（職位高）、事少（管理幅度小）、不扛責任（總經理直接越級管到基層主管）。

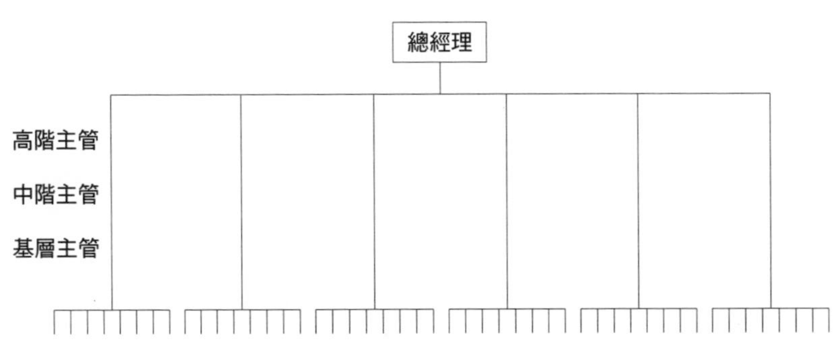

圖18-3：橋梁式組織架構簡圖

企業經營者的日常煩惱：解決衝突

前面提到老闆外務多，尤其是下班後的時間，那麼在上班時，老闆們都在忙什麼呢？讓我們先看圖18-4「橋梁式組織架構衝突」。

假設最基層的左下角甲員工和右下角乙員工之間，發生了工作上的衝突或矛盾，兩人都各持己見和立場，互不退讓，怎麼解決呢？在我所看到的華人企業，除了少數例外，都是逐步往上報告，循著各自的指揮鏈（chain of command）升級，直到這兩條指揮鏈找到交叉點，才來仲裁。在圖18-4中，甲和乙的衝突必須到總經理才能解決，很少能夠靠著橫向合作在基層就解決。

橫向合作和交叉點解決，兩者的優劣我就不多說了。為什麼企業高層會允許這種現象長久存在呢？根據我的觀察和分析，有兩種可能：

總經理
高階主管
中階主管
基層主管
甲
乙

圖18-4：橋梁式組織架構衝突

一、無知：高層不瞭解組織架構設計的原則，不知道有橫向合作的選項存在，就如同溫水煮青蛙，日子久了，認為交叉點解決是理所當然的事。

二、忽視：喜歡擁有權力和決策，是人性的一部分。所以企業經營者的管理幅度越大越好，有些經營者更進一步地越級管理，以增加管控能力。

我的失敗經驗

這幾篇文章跟「確診」毫無關係，主要在談如何促進組織架構的橫向合作，以便增強企業的競爭力。有兩個重點：

一、組織架構的設計，應該以客戶為核心，價值創造流程為基礎，這是系統的硬體部分。

二、成長階段模型就如同組織的操作系統，組織架構要能夠順利運行，必須靠人，成長階段指的就是人格的成長階段。這個模型可以用在個人，也可以用來衡量大群體的人格成熟度。

在〈企業成長的四個階段〉一文中，提到一九九二年一月我擔任中國惠普總裁時，因為在不瞭解的情況下就急著推出員工提案箱和員工學習中心，結果導致兩個制度都失敗了。

員工提案箱是適合處於自我激勵階段的人和群體，員工學習中心則是為處於自我學習階段的人和群體而設置。

一九九〇年代初的中國企業，正處於改革開放的初期，由社會主義轉向資本主義、計畫經濟轉向市場經濟、國有企業轉型民營企業的階段，公私不分的現象很普遍。當時大部分的員工不知道要自我約束，也做不到自我管理，而我卻推出了不切實際的、超越他們人格成熟階段的兩個制度，當然注定會失敗。

結語

許多企業發展壯大之後，組織架構越來越複雜，金字塔的層級越來越多，頂端的經營者與基層的距離越來越遠。採用交叉點決策模式來處理內部衝突的企業，對於市場競爭環境的反應越來越慢，組織逐漸僵化，失去競爭力，不可避免地走向衰退和滅亡。

要減少組織的內耗、內鬥，只有促進組織的橫向合作。宏觀層面來說就是組織架構的設計，必須基於增值流程。微觀層面來看，就是提升全體員工的人格成長階段。

在圖18-1「組織架構與成長階段」中，敘述了我在業界所觀察到的現象。其實反過來說，如果你是個就業者或上班族，想要至攀登金字塔的頂峰，那麼你就要重視自己的人格成長，想辦法讓自己達到自我激勵和自我學習的階段。

「機會」通常是留給有準備的人。

3
CHAPTER

找到企業經營的航線

19 在惡劣的環境中，找到自己最好的航線

在混亂、低迷的浪濤中，很難把握正確的潮流及風向。這時候，環境就會逼著每個人改變。我們必須能靈活地改變方向，要創新、要變革。如果不能創新、變革，你的企業就會變成亂世中的犧牲者。

前言

二〇〇八年全球金融風暴，影響力開始在二〇〇九年顯現，當時我在富士康NWInG事業群服務，為了替同仁們打氣加油，在觀瀾廠區做了一次內部演講。沒想到我的演講被錄了音，而且轉換成逐字稿流到外部，因此被中國大陸許多雜誌和媒體轉載，並在網路上發表，廣為流傳。當時我並沒有準備草稿，所以也幸虧如此，演講內容就保存下來了。

十年後的今天，全球經濟和政治環境更是動盪不安，我覺得今天年輕人面對的是更大的挑戰，但也帶來更多機會，所以將這篇演講分享給讀者們，期望在今天的亂世，台灣能夠出更多英雄。

（編按：本文以作者提供的逐字稿為基礎，並在經過同意後依目前閱讀環境編修。）

亂世出英雄

「亂世」同時也意味「可遇不可求的機遇將要來臨」，因為**舊的格局已經打破，市場開始洗牌，而每個人在此同時也都需要改變方向**。

舉例來說，二〇〇八年是全球經濟從雲端墜入地獄的一年，全球已開發國家三十八年來首度集體衰退，全球貿易總額二十七年來首次下滑，美國也創造了歷史上最高的年度財政赤字，高達四千五百五十億美元。據聯合國國際勞工組織（International Labour Organization）估計，二〇〇九年全球失業人口將達到二．一億人，創下十年來的新高。

這讓我想到奧運會中的帆船賽。因為，帆船賽其實也是一種高科技的比拚。為什麼這麼說呢？像是船體透過怎麼樣的設計來減少水的阻力、帆怎樣能夠借助最大的風力，都要用到高科技。此外，速度也和人的技巧有關。操帆的人必須要懂得風向、潮流，同時要懂得運用技巧才能航行得最快。

參加奧運會帆船比賽的，都是各國頂尖的高手，用的也是運用高科技設計的帆船。因此，只要風力、海潮、水流、高科技帆船，以及選手的技術等環境一樣，結果就會如我們經常看到，帆船在航線上一艘緊跟著一艘的局面。所以，只要外部環境一樣、挑的路線也一樣，那麼第一名永遠是第一名，第二名永遠是第二名，很難超越。

也就是說，**如果你一開始就把這個位置搶到，對手就很難趕上**。而當你是第二名或第三名時，超越的方法就只有一個：改變。你要改變你的航線，因為如果順著原來的航線走，你就永遠不可能超越，因為所有人的條件都一樣。

大與小的不同

當世界混亂的時候，就是需要努力才能生存的時代，但也是出英雄的時代。

在現今的產業競爭裡，如果我們只是複製競爭者的策略，那麼永遠只能是第二、第三名，因為領先者總是擋在前面。但是，面對如今的經濟衰退，我反而覺得很興奮。

俗話說「亂世出英雄」，當然，在亂世裡也會有很多悲劇，或許有很多企業會在亂世中關門倒閉，讓很多人因此失去飯碗，所以混亂的世界需要更努力才能生存，也因此更可能讓英雄出頭。

一般來說，整體市場經濟的好壞只能直接影響大的國家，像美國GDP的成長，一定跟全球的經濟成長掛鉤。所以不難理解美國為什麼要在財政赤字那麼高的情況下，還要拿出一大筆資金援助第三世界小國。美國經濟要想走出衰退，就要幫助全世界經濟成長。對一些小國家來講，GDP不跟全世界掛鉤，反而受外部的影響較小。

同樣的道理，整體經濟的風吹草動，對大企業的影響也大得多。例如手機產業在預估銷量下降時，影響最大的是哪幾家？像諾基亞（Nokia）、三星（Samsung）等大廠，或是聯發科之類的組件供應商，就可能都必須跟著下修財測。所以對於市占率較小的企業來說，亂世也意味著可遇不可求的機遇將要來臨。對小企業來說，不管整體經濟好壞，景氣或不景氣，你反正都得去搶別人的市占率，只不過在不景氣的時候，被搶的人會更激烈抵抗，我們用的力氣要更大一點。

我們現在就好像在進行帆船比賽，突然間狂風大浪、天氣巨變，讓選手沒辦法把握正確的潮流及風向。這時候，就會逼得每個人都需要改變方向。所以我們必須能靈活地改變方向，要創新、要變革。因為你不創新、不變革的話，那麼你的企業就會變成亂世中的犧牲者。

不成長，就是一潭死水

一個不成長的組織，只能留下一些不勝任的人，如此一來，這個組織就會面臨滅亡的命運。

變革創新是行動，成長是結果，但我們卻往往把作為結果的「成長」擺在第一位。在這麼不景氣的時代，我們憑什麼成長？就是要靠創新、靠變革。

但我們企業為什麼要追求成長？這裡講的成長是營收的成長，市占率的成長。景氣越困難，我們就越要增加自己的市占率。例如全球手機目標市場如果跌到只剩三分之一，也許我們的營收跟過去相比也會下降，但必須降得比人家少。所以我要鼓勵大家，不管在任何經濟環境下，都要努力提升市占率，**市占率增加了，代表我們比競爭對手做得更好**。

企業為什麼要成長？企業存在的目的就是要賺錢。各位如果瞭解財務報表的話，就知道我們把損益表（income statement）中的淨利潤稱為bottom line，經營企業要賺取的就是稅後淨利。而損益表的最上面一條是營收，也就是top line，沒有營收，就沒有利潤，所以我們要爭取營收成長，才會有利潤、獎金和分紅。

所以，為公司追求成長，也就是為自己爭取機會。假如營收不成長，就代表組織不會成長，如果組織不成長，也就代表各位沒有升遷機會，沒有新的職位創造出來。所以我常講：一個沒有成長的公司，組織就永遠不變，就好像一潭死水，而一潭死水是養不活魚的。

美國一位管理學者勞倫斯．彼得（Laurence J. Peter），他在著作《彼得原理》（*The Peter Principle: Why Things Always Go Wrong*）中提到：在一個不成長的組織裡面，有很多人會因為他的能力和表現而被提拔，從班長、組長、課長一路升上來，到最後，就可能升到了超出個人能力的職位。

因為每個人的能力都有限，假如不再學習的話，能力就不會再增加。而一個人如果升到了自己沒辦法勝任的職位，那這個組織就不會繼續成長，這個人也就繼續待在那裡不動。所以，**一個失敗滅亡的組織，通常是因為裡面所有的職位上都是不能勝任的人**。不能勝任並不是說他不好，而是他的能力有限，自己又不學習，結果造成組織裡全是不勝任的人在擔任各個職位。

我們的組織如果能夠成長，以後就能創造很多機會，有能力的人就可以往上爬，接受更多新的挑戰。

營收的成長，可以讓每個人面臨工作時的態度不一樣，進而留住好的人才。反之，不成長的組織中即使有好人才，這些有企圖心、上進心、責任心的人才也一定會離開，而留下一些不勝任的人，最後導致這個組織面臨滅亡的命運。

人、事、物都是變革的對象

變革的主要對象是人，而變革的目的則是讓大家的想法、思想有所提升。

我之前看過一篇文章提到，美國韋氏大辭典（The dictionary by Merriam-Webster）每年都會挑選「年度熱詞」來總結當年的主題。二〇〇八年的第一個熱詞是Bail-out，意思是「從財務危機裡解救出來」，字典裡翻譯成「財政救援」。為了拯救陷入衰退的經濟，全球許多國家都出手救市。

另一個熱詞則是Change，意思是改變、變革。那一年最大的變革是什麼？當選美國總統的歐巴馬（Barack H. Obama II）是非洲裔美國人，這是在美國歷史上從來沒有的事。

鴻海郭總裁常講的變革有三種：

一、改善；

二、改革；

三、革命。

這三者的區別在哪裡？舉個例子，我把一棟樓裡的隔間牆打掉，再重新裝修，但不更動主結構，這叫做改善。假如動到它的主結構，三層變成四層，前院變後院，這叫做改革。那什麼是革命呢？就是把整個樓拆掉重建。

「改善」主要是針對「物」，我們的改善就是運用「六個標準差」（six sigma）、「8S」等方法來提升產品的品質、提高生產效率、降低成本。因為產品是「物」，所以通常的改善目標是提升一〇%至三〇%。

「改革」的對象通常以「事」為主，也就是組織、做事的方法及系統。改革的目標必須有大幅躍進、大的突破，不是一〇%或二〇%，而是一倍、兩倍的改善。這必須集中整個組織的力量，大家一起來做，而不是展開後有二百個管理項目，不是亂槍打鳥，必須瞄準一個打一個。

「革命」的主要對象是「人」，要革每一個人的思想，讓大家的思維有所改變。

以管理創新維持競爭優勢

人要有理想，但不能太理想化。在執行的時候更不能理想化，必須腳踏實地，一步一腳印地前進。

最後一點是創新。鴻海曾經啟動一個「永營專案」，目標在於讓集團永續經營。因為當時整個鴻海、富士康已經達到了六百億美元的規模，所以我們研究如何在這個基礎上再成長三倍，讓它永續經營。這個專案網羅了台灣頂尖的管理學大師和大學教授，而且把這些教授從學校請來服務兩到三年，專職協助集團規劃。例如李吉仁教授，就是台灣大學最有名的管理學教授之一，他曾經在許多報章雜誌上寫文章批評鴻海、富士康集團，所以我們把他請來負責永營專案。

李教授推薦的是《管理大未來》（*The Future of Management*）一書，並就該書的精神主軸向集團二、三千位主管進行導讀。這本談管理創新的書中說：**創新分很多層次：產品的創新、流程的創新、商業模式的創新等，到最後才是管理的創新**。也就是說，「管理的創新」才是保證企業維持競爭優勢的方法。

柳傳志的「擰毛巾」功夫

機會到處皆是，我們要靠什麼成長呢？成長是結果，我們要靠變革、創新，還有最重要的：基本功要做好。我們口中談的是宏偉的目標，但經常又看到客戶投訴及品質問題，而這些就是基本功沒有做好。要達成成長的目標，我們就要把分內工作做好，把品質做好、不出問題，就可以減少之後的困擾。

即使是前所未有的不景氣年分，我們的生意機會其實仍然到處皆是。聯想（Lenovo）的柳傳志先生以前聽過我講的課，我從他身上也學到不少，他曾經講過：人要有理想，但不能理想化。在執行的時候不能理想化，要腳踏實地，一步一個腳印地前進……聯想的成功就是靠擰毛巾的功夫，濕的毛巾有水就要拚命地擰。所以聯想固然有宏偉的理想，但執行的時候靠的卻是非常實在的「擰毛巾」功夫，這一點是值得我們參考學習的。

20 企業治理的基礎，源自對價值觀的堅持

在台灣科技產業闖蕩了四十多年，認識的企業創業老闆多不勝數，也難免有認識多年的老朋友，雖然事業發展順利，企業成長壯大、公開上市，一生一世名利無虞，但卻在成為人生勝利組之際遭遇轉折，官司纏身，甚至鋃鐺入獄。

這些成功的創業老闆，隨著企業的發展壯大，生活圈子也隨之改變。而我由於自己定位為「專業經理人」，所以跟這些企業老闆之間，大多只有工作關係和交情，只要離開原來的外商職位，也就不再聯繫。

但是，在看到媒體報導的那一刻，赫然發現老朋友年近古稀，卻必須入獄服刑，難免心中有些感傷。不禁回頭省思自己的人生，究竟所為何來，也更加堅定地認為，自己的價值觀、人生觀，以及世界觀是正確的。

姑且不論法律的觀點、事業的成敗、人生的意義，許多成功創業老闆都是為了一己的「使命

感」而「拚命」的，而當一個人在拚命的時候，就有可能不擇手段、失去原則，甚者觸犯法律的底線。

聖經馬太福音十六章26節說：**人若賺得全世界，賠上自己的生命，有什麼益處呢？人還能拿什麼換生命呢？**

感傷之餘，我希望提醒目前仍然安然無恙的企業經營者：企業的偉大不在於規模。全球經濟環境有起有落，無論營收或者獲利都是一時的，唯有堅持正確的價值觀，才能得到業界和社會的尊敬。

以下就讓我來提醒、分享兩個台灣企業比較容易忽視的價值觀，而經濟的發展，正必須建立在這些基礎上。

一、利益衝突

我在《創客創業導師程天縱的專業力》中〈企業的核心價值必須凌駕於權力之上〉一文裡，提到了兩個真實案例，一個發生在我自己身上，主要是強調外商對「利益衝突」（conflict of interests）的重視，有興趣的讀者們可以參考這篇文章。

在現實生活中，利益衝突處處存在，無論是產、官、學、研等組織機構都迴避不了。在歐美的大環境下，甚至已經把利益衝突提高到與價值觀和文化相提並論的層次。但是，亞洲企業卻大多不認為利益衝突非常重要，反而把它當成是運用槓桿（leverage）的機會，大玩「利益交換」遊戲。如果有人高呼必須「迴避利益衝突」，反而會被這些企業嘲笑。在亞洲，貪腐事件遠比歐美來得多，追根究柢，這種價值觀的差異就是根源。我再次以自己的親身經歷為例，讓大家瞭解美國企業對於利益衝突的重視程度。

一九八〇年代初期我在台灣惠普擔任業務經理時，獲得總部的同意，為惠普成立了國際採購處（International Procurement Office）辦公室，因此同時擔任業務主管和國際採購處主管。

「業務」和「採購」兩種職務，本身就是對立的角色，一個要「賣」、一個要「買」，兩者之間在業界是互相攻防的零和遊戲，往往一個贏了，就表示另一個輸了。由於這兩個部門都是由我成立並且擔綱的，加上成立之初很難找到別人接手，於是在取得總部的理解和支持之後，我同時擔任了這兩個「矛盾」和「衝突」的角色。

因為總部充分信任，也放手讓我自己掌握尺度，於是我為自己立下兩條工作原則，以「君子慎獨」來考驗和挑戰自己。

首先，不管是「業務」或「採購」，我都盡可能授權屬下，自己避免參與價格和交易條件方面的談判，只聚焦在策略發展和日常管理工作上。其次，我準備了「業務主管」和「採購主管」兩種名片，堅持不能把兩個頭銜印在同一張名片上。如果工作上避免不了跟對方的高層見面協商，我會在事前很清楚地告知對方，我在這次見面時所扮演的角色。

台灣很小，台灣的電子業界更小，往往我的客戶和供應商就是同一家企業，對方豈有不知道我扮演兩種角色的道理？但是在會面過程中，我絕對不主動提出利益交換，也不接受對方任何利益交換的暗示。我這種「橋歸橋，路歸路」的做法，雖然不符合華人世界的「默契」，也有點不近人情世故，卻也為我在業界贏得了很好的形象和名聲。

我所知道的華人企業，大多巴不得多多利用採購的槓桿與優勢，來交換業務的訂單，而且在心態上，更認為這是理所當然的事情。在海峽兩岸商界和電子界闖蕩了近四十年，我所接觸過的華人企業幾乎沒有例外，而且是越高層，這種心態就越普遍。

二、對供應商的社會責任

台灣有許多企業從事電子業供應鏈和代工製造，策略上都追求規模化，因此在客戶的選擇上都選擇「抓大放小」，雖然一旦贏得大客戶訂單，營收就立即大幅增加，但是也必須承擔低毛利和「雞蛋都放在同一個籃子裡」的負面風險。

如果大客戶的營收衰退，導致訂單下滑，或是客戶減少訂單或轉單，就會對這個供應商造成嚴重影響，也間接對員工和股東造成傷害。在這種情況下，業界一般都只會指責這家供應商太短視、太急功近利，低估了風險，才造成企業的困境。然而，很少看到有人指責這些大客戶，其實他們才是造成供應商困境的元凶。我一九八〇年代初期在台北成立惠普國際採購處時，為自己定了一個內規：**對任何單一供應商的採購金額，不得超過該供應商全年營收的二五%。**

我們認為，惠普身為客戶，也有責任確保供應商的雞蛋不只放在惠普這個籃子裡。供應商的產品再好、價格再怎麼吸引人，我們的訂單也必須克制，因為，沒有人可以預見未來的變化。我們把這個內規視為一種「對供應商的社會責任」（supply chain social responsibility），萬一訂單出現變化，也不會因此對供應商造成巨大的衝擊。

那麼，供應商要如何爭取更多來自惠普的訂單呢？他們必須努力爭取其他新客戶，進而擴大營收、分散風險。即使訂單來自惠普的競爭對手，我們仍然會鼓勵供應商不要因為這個競爭關係而自我設限。

結語

時間進入二十一世紀的第三個十年，不僅產業競爭越趨激烈、國家保護主義抬頭，地球也越來越不是「平」的。中美貿易大戰不只影響到經濟貿易，政治軍事也危機四伏。台灣處於動盪不安之中，不僅是產業與經濟，政黨與政府也需要正確的價值觀。

誠如大家常說的：「政治是一時的，朋友是永久的」，我也套用這個說法來提醒企業經營者：「營收、獲利是起起落落的，價值觀是永久的。」此時此刻，我不禁懷念起在惠普和德州儀器的那些年，雖然只是個打工仔，可是我驕傲、我有成就感。

21「會拉馬的兵」怎麼不見了？

之前的一場搭機經驗，我要提醒讀者們，企業經營除了要消滅「不拉馬的兵」，也要檢視「會拉馬的兵」是否還在。如果還在的話，是否還在拉馬？還是只在放馬吃草？

二〇一九年八月初搭華航由深圳返台，旁邊坐了一位帶著一歲多小女兒的年輕媽媽。媽媽拎著一個大行李，小女孩不吵不鬧，非常乖巧地站在座位上，看著媽媽把行李放進上頭的置物箱。飛機開始滑行之後，我很吃驚地發現，媽媽自己扣上了安全帶，再用手抱著小女孩。起飛之後，我找來年輕的空服員問，為什麼不給媽媽一段延長安全帶（extension），以便將安全帶整個拉長，可以連小女孩一起扣住？

曾經有過的「延長安全帶」

空服員一臉茫然的表情說，沒有座位的小孩就是由大人抱著，沒聽過有「延長安全帶」這種東西。過了一會兒，來了一位資深男空服員主動回覆我的疑問，但他的第一個問題是：我會這樣問，是因為長榮或其他航空公司有提供嗎？

我告訴他，二十年前我的小兒子搭華航班機，空服員都會提供延長安全帶給大人，以確保同行兒童的安全，現在為什麼不提供了呢？連隨身行李都需要放在頭上行李櫃或座位底下，不可以用手抱住，為什麼一個活生生的小孩就可以由大人抱著？

我接著又問這位先生，在華航服務了多少年？他看起來很資深，難道不知道有延長安全帶這回事嗎？男空服員回答，他在華航已經三十多年了。他剛加入華航受訓時，確實看過延長安全帶，提供給帶著不占座位小孩的大人使用，但不記得什麼時候開始，就不再提供了。

我知道這個安全大隱憂不是空服員造成的，苛責他們也沒有用。至少這位男空服員證實了我的說法，華航以前確實有提供，而且其他航空公司班機也都有提供。我雖然經常到處飛，各國航機都搭乘過，但是自己小孩都長大了，要不是正好旁邊坐著一位年輕媽媽，還帶著沒有座位的小女孩，我也不會注意到這件事。我不知道現在其他航空公司是否還提供延長安全帶，但可以確定的是，華航現在已經不提供了。

「會拉馬的兵」

我在《創客創業導師程天縱的管理力》書中，寫過一篇〈從「不拉馬的兵」談企業中的無用習性〉，我在文中指出，包括產官學研領域的各種組織中，由於人事更迭、組織變動，加上「新官上任三把火」，雖說未必是蕭規曹隨，但是舊制不敢廢、新法不斷加，於是工作量不斷增加，績效未必提高，四處都充斥著「不拉馬的兵」。

組織裡面充斥著不拉馬的兵，充其量就是增加成本、浪費資源、損害效率、喪失競爭力，頂多是慢性病，還不見得立刻致死。但哪天萬一「會拉馬的兵」不見了，如果是重要性不大的，我們可以質疑該部門存在的價值，但如果是安全相關的職位，一旦出事可能就是生死攸關。

為什麼不見了？

華航班機不再提供延長安全帶的原因是什麼，令我百思不解。以下是幾個可能的想法：

一、節省成本？傳統航空公司近年來面臨廉價航空的競爭，確實經營不易，營收、獲利嚴重下滑。於是減少航線、減少班次、減少哩程酬賓優惠、減少人均服務的機組人員等，導致幾次嚴重的罷工事件。但是，隨行不占座位的幼兒畢竟還是少數，而幾條延長安全帶比起飛機和設備成本幾乎微不足道，所以顯然不是為了節省成本。

二、安全帶不安全？曾經看過媒體報導，適用於成人的安全帶對幼兒並不安全，這也是為什麼規定幼兒搭乘汽車時必須使用專用的汽車座椅，而且只能放在後座，再繫安全帶。如果這是真的，那麼大人自己繫安全帶，再用手抱幼兒，會比用延長安全帶還要安全嗎？為什麼航空公司不提出更周全的措施，以保障幼兒的安全呢？

三、螺絲釘鬆了？有可能是空服員的內部培訓不認真，導致這「會拉馬的兵」失傳了嗎？如果真是如此，那麼原來每個航班配備的延長安全帶也不見了嗎？如果不是每個航班都必備延長安全帶，而是根據乘客名單配置，那麼確實有可能由於ＳＯＰ不嚴謹，在不受重視的情況下，年久失修而消失了。

結語

飛航安全是關鍵中的關鍵，何況人命關天，不可輕忽，如果不占座位的幼兒不需要安全帶，那麼手提行李是否都可以抱在懷裡？航空公司或民航局是否應該要檢討一下？難道要等到出了意外之後，分析調查後再補救？

以此為例，企業經營除了要消滅「不拉馬的兵」，也要檢視「會拉馬的兵」是否還在？如果還在的話，是否還在拉馬？還是只在放馬吃草？

編輯補充一：關於機艙安全帶

在與本文作者討論過程中，編輯（「吐納商業評論」網站主編傅瑞德）向資深前空服員洽詢相關細節*，獲得了以下的答案：

機上如何安排幼兒搭乘，大致上是看小孩的年齡和狀況：

一、頸部尚未發育完成的嬰兒；

二、頸部已較為成熟，可坐直，但還不會走路的幼兒；

三、已經會自己跑來跑去的幼兒。

過去華航確實曾經提供過延長安全帶，但現在似乎已經陸續淘汰，至於淘汰的原因是成本考量、利用率低，或是作為準則的美國聯邦航空總署（Federal Aviation Administration，下稱FAA）飛安規定有修改，實際上並不清楚。

如果是頸部還不夠硬的嬰兒，航空公司的建議是劃位時要求最前排、面前隔板上可以掛嬰兒吊籃的座位，但基於安全規定，起降時仍需由家長用手抱著，不能放在籃內。至於年齡較大、已經可以自己行動的小孩，航空公司則會儘量要求買獨立座位、自己使用安全帶。

然而，介於上述兩者之間（可以抱，但還不會走路）的幼兒處境比較尷尬，目前航空公司似乎確實沒有提供延長安全帶或其他特殊安全措施，只能從「家長抱著」跟「另買座位」兩者之間擇一。

以編輯過去為汽車業服務的經驗，車廠的觀念是無論嬰幼兒大小，都是以使用適合年齡與體型的安全座椅為最高原則，但如果是身高低於一百四十公分左右的兒童，則必須使用安全帶高度調整器、兒童專用安全帶，或加高座墊，讓安全帶可以發揮預期作用。

至於「讓大人抱在懷裡」或「直接使用成人安全帶」都是會大幅增加受傷（特別是內傷）風險的做法，車廠都不會建議。也因為汽車業已經有如此明確的觀念，所以作者對於

＊編注：接受詢問的空服員曾服務於國內兩大航空公司，但僅代表個人意見。曾在相同或其他航空公司服務過的空服員，印象與經驗也可能有所不同，此處僅供參考，實際做法應以官方飛安單位的規定為準。

航空公司沒有特別照顧「尷尬期幼兒」的安全感到意外，也認為難以接受。

目前市面上確實有類似延長安全帶，連接在成人安全帶扣上、但把小孩放在成人安全帶外側的產品。從設計上看來，這似乎會比「跟大人綁在一起」安全，但這類產品是否經過檢測，品質、效果，以及實際安全性均未知，請有興趣的讀者在搜尋相關產品時要多加注意。

編輯補充二：FAA對延長安全帶的相關規定

由於編輯訪談的前空服員提到FAA的相關規定，因此透過網路搜尋找到一份二〇一一年FAA的官方文件*，其中提到幾個解讀重點：

一、即使在飛機上，如果可能的話，使用兒童安全座椅還是比較理想的選擇（不知道是否有航空公司提供租借安全座椅，家長可能還是要自己帶），此時就必須搭配延長安全帶使用，以便固定座椅；

二、目前延長安全帶「僅限於搭配安全座椅使用」；

三、FAA「不建議」乘客在抱小孩搭乘時，對小孩使用任何安全帶類型的限制裝置。簡單地說，不是不能用，但如果讓乘客使用的話，航空公司必須負責（這可能正是航空公司目前不再提供這類裝置的主要原因）。

所以，航空公司或許有很好的理由不提供延長安全帶，而基於前述汽車業的做法，延長安全帶或許對幼兒也不是最好的選擇。現在的問題是，除了租借兒童安全座椅（如果有的話），航空公司為「尷尬期」的幼兒安全還提供了什麼其他措施嗎？

＊編注：可參閱https://bit.ly/InFO11006。

22 學習用「大系統觀」來看產業

在臉書上，有位朋友是做印刷電路板（printed circuit board，下稱PCB）設計的，他在版上開啟了「IC設計是不是夕陽產業」這個話題，於是引發了一場與IC設計工程師們的論戰。因為我一向不喜歡在臉書留言串上做長篇討論，因此把想法寫在這篇文章裡，跟所有讀者們分享。

夕陽產業？

我不知道一般是怎麼定義夕陽產業的。如果從產品的生命週期來看，一個產品必定有四個階段，也就是：**誕生期**、**成長期**、**成熟期**、**衰退期**。

如果從「技術（被）採用」的生命週期來看，我在《創客創業導師程天縱的職場力》書裡，〈談人事之五：資金？業師？台灣的新創需要什麼？〉這篇文章中提過，一九六二年艾弗列特・羅傑斯（Everett Rogers）出版的《創新的擴散》（*Diffusion of Innovations*），以及一九九一年傑佛瑞・墨爾（Geoffrey Moore）所寫的《跨越鴻溝》（*Crossing the Chasm*）兩本書中，都談到過各種高科技技術的生命週期。

如果從時間和普及的角度來看，PCB設計和技術都比IC設計技術來得早，應用更加普及，而且都早已經進入成熟期，實在沒有必要為了「誰是夕陽產業」而爭執不下。

從最終產品的角度來看，尤其是B2C的消費產品，成熟期和衰退期可以長達百年之久。而從理論上來講，一些可以說是「夕陽」的產業，在加入新技術之後也可能創造出新的產品、開啟新的生命週期。

因此說「行行出狀元」，枯木也可能再逢春，即使你進入夕陽產業，也可以學習到許多該產業成功的關鍵，以及做「事」的方法。

什麼是系統？

一輩子在電子業和高科技產業打滾的我，對所謂的「系統」觀念越來越清晰。從IT系統的角度來看，伺服器或PC只是系統中的一個設備，但從PC的角度來看，主機、顯示器或鍵盤，也都只是整個拼圖的一塊。如果打開這些產品來看，大大小小的PCB更是不少。

威廉‧布萊克（William Blake）是十八世紀末、十九世紀初的英國詩人，在世時沒沒無聞，直到二十世紀初才受到注意。他的作品中最有名的就是下面這四行詩：

To see a world in a grain of sand
And a heaven in a wild flower,
Hold infinity in the palm of your hand
And eternity in an hour.

這四行詩有許多中文翻譯版本，我最喜歡的是這個版本：

一沙一世界，
一花一天堂。
無限掌中置，
剎那成永恆。

完全看你站在什麼立場，來觀察這個世界。系統可以是宇宙、銀河、太陽系、地球、國家、社會或個人，因此，一粒沙可以是一個世界，一朵花可以是一個天堂。

從佛法的角度來看，光速不是最快的速度，意念才是最快的，只要你一動念，腦海中就已經到了十萬八千里外，這彷彿又跟量子力學或「蟲洞」（wormhole）的理論相似。

PCB的系統觀

我在一九八〇年代初期就因緣際會參與了PCB技術的引進，幫台塑集團旗下的南亞公司在桃園南崁蓋了第一座PCB工廠。在退休之前，也曾在以生產製造代工為主的台商企業服務，經歷過四個事業群，產品包括連結端子（connector）、線纜（cable）、PCB、平板電腦以及手機等。

談到PCB電路設計，首先要考慮的是core chips，也就是半導體處理器，其中一種是負責應用運算的「應用處理器」（application processor），另一種是負責通訊的「通訊處理器」（communication processor）。除此之外，還要再考慮其他配套的數位（digital）和類比（analog）半導體晶片，接下來則是「被動元件」（passive components）。接著就是電路設計，包括如何在多層的PCB上，將這些零組件連結在一起。最後會考慮的是，如何透過板子邊緣的端子（connector）輸入和輸出電子訊號。當這一切都確定了之後，才輪到線纜（cable）上場。

這樣的思考順序，正好跟這些零組件的價格有關係，也跟技術的複雜度有關，不過最主要的，還是「設計規範」與「設計邏輯」。所以，站在PCB電路設計的立場來看，包含半導體處理器在內的這些零組件，也不過是它的子系統或「一塊積木」。

但從IC設計的觀點來看，除了技術仍然依循摩爾定律在進步外，單晶片系統（system on a chip，下稱SoC）也在快速發展，將PCB上的零組件整合進IC裡，也就是說，IC設計已經「侵門踏戶」，吃進PCB設計的地盤了。

另外在封裝技術方面，隨著物聯網產品和應用的爆發普及，封裝體系（system in package，又稱系統級封裝，下稱SiP）和系統模組（system on module，下稱SOM）也有越來越多產品廠商採用，而這些也多少吃進了PCB設計的地盤。

重要的是，SoC、SiP、SOM中的S都是指「系統」，也就是說，這些零組件層級的技術和產品，都認為自己就是系統。這豈不是「一沙一世界，一花一天堂；無限掌中置，剎那成永恆」的最佳寫照嗎？

終端產品的系統觀

從最貼近使用者的終端產品角度來看，最能代表其系統模型的，就是用圖片一層層解構成最小零件的「爆炸圖」*，在「爆炸圖」中，PCB通常只是一個零組件。除了電子部分，再加上電池或電源、散熱模組或風扇、顯示螢幕、觸控螢幕、機械結構件、外觀件、鉸鍊，甚至馬達、傳動、驅動等，終端設備的系統更加複雜。

如果從系統整合的觀點來看，每一個終端設備只是系統中的一塊拼圖或積木，需要有線、無線網路和架構連結，還要有伺服主機和應用軟體。如果是更複雜的系統，還需要大數據、演算法、雲端架構、人工智慧等要素的結合。

古人說「文人相輕」，當今的高科技技術又何必相輕呢？魚幫水，水幫魚，誰也離不開誰。唇齒相依，唇亡齒寒，不是嗎？

棋盤對抗賽

我在三十幾年前參加過一個訓練課程，其中有個小組建構（team building）的遊戲，最能體現「大系統觀」，令我印象深刻。

這是個小組對抗比賽的遊戲：每個小組由五到七人組成，在空曠的地上畫好六乘六的方格棋盤，兩個小組面對面各占一邊。如果有八個小組，就需要有四個棋盤。

* 編注：可參閱 http://bit.ly/3mfsQAA。

每個小組搭配一名裁判，手中有個路線圖，只有裁判看得到路線。在棋盤兩邊，小組各自有個出發點的格子，成員必須分工合作，由一位成員踏上棋盤，這位成員的前進方向有左、右、前三個選擇，只能透過猜測、試錯的方法往前走。

開始時，每個小組都由裁判發給若干籌碼。如果踏錯格子就要罰一個籌碼，交給裁判，而且要倒退回到起點格子，然後換另外一個成員再上場。如果在倒退回來的過程當中又踏錯格子，就得再罰繳一個籌碼。直到籌碼罰光，或是限定的時間到了，遊戲就結束。如果有任何小組可以走到棋盤另一邊的終點，就是贏家。

我們當時都認為，這是個考驗團隊分工合作的遊戲，於是在遊戲開始前的準備時間，每個小組都忙著選組長、紙上畫棋盤、指定紀錄員、指定掌管籌碼及繳納的帳房、時間控制員、人肉棋子和替換順序，以及移動棋子的指揮員等。

遊戲一開始，可以想像有多麼忙亂。每個小組的人肉棋子都有進展，逐步向棋盤另一端推進。而兩個小組的人肉棋子難免會在中途相撞，站在同一個格子裡，如果走錯了，又要各自循原路返回到出發點，互相又要讓路、擦身而過。

時間結束後，沒有任何一個小組完成任務、到達對岸，於是所有學員都在抱怨時間太少，不可能完成任務。

大系統觀

這時，輪到課程老師出來講評。他首先稱讚每個小組的團隊合作，同時告訴學員們，這個遊戲的時間其實足夠讓每個小組都完成任務、到達對岸。於是學員們又炸鍋了，高呼「不可能」。

老師接著問了：「你們有沒有人注意到，棋盤對面過來的，都會和你們這邊過去的相碰在一起？」「那麼你們有沒有人去觀察和紀錄，對方走過來的路線？」「你們有沒有發現，兩方交錯之後，我方都會走到對方過來的格子？」其實兩個面對面小組的裁判，手中拿的是同一個路線圖，只要有人注意到，並且記錄對方走過的路線，在雙方交錯之後，就可以一路走到對岸。

這個遊戲的目的，除了考驗團隊的分工合作之外，最重要的就是教育學員們，當我們太專注在自己的工作上時，就不會抬起頭來看看大環境，也不會注意到競爭對手（對方）在做什麼，更加不會去「思考」策略。這就是「策略高度」，就是「大系統觀」！

結語

「系統」的定義是什麼？不是產品價值鏈的上游或下游，不是誰比誰先進，不是誰的技術過時，也不是互相打嘴砲。

「系統」包含了產業生態的所有重要元素，也包含了環境、上下游、競爭對手、遊戲規則、產業趨勢、法律規範、專利標準等。「系統」最終是一種心態，是一個策略高度，是一個時間跨度，也是促成我的「大歷史觀」*的一個重要因素。

在「定策略」階段，一定要有「大系統觀」，才不會鑽牛角尖，致使策略見樹不見林、決定了錯誤的方向。要知道，錯誤的路線絕不會帶領我們到達正確的終點。這個棋盤對抗賽教導我的，就是這一點。

* 編注：可參閱《創客創業導師程天縱的經營學》中，〈從「大歷史觀」看企業管理的思維與藥方〉一文，以及《每個人都可以成功》中，〈形塑我思想理論體系的三位作家，和他們的書〉一文。

23 企業長久經營的大原則：化繁為簡

不同時期的產品、市場、企業文化，對於經營理念都有不同的需求。許多顧問公司雖然專業，但基於自身的立場，並不見得能提供最適合、最量身打造的解法。依照我的經驗與理念，最核心的原則就是與時俱進、化繁為簡。

有人說：「萬物之始，大道至簡，衍化至繁。」*意思是說，萬事萬物剛開始的時候，大道理是很簡單的，後來逐漸演變成了很複雜的局面，因此可以說，世間事物是「由簡至繁」的過程。

而深受特斯拉汽車創辦人伊隆・馬斯克（Elon Musk）推崇、由古希臘哲學家亞里斯多德（Aristotle）提出的「第一原理」（first principle），則是指「最基本的命題或假設，相當於數學中的

* 編注：「萬物之始，大道至簡，衍化至繁。」訛傳出自於《道德經》，但《道德經》全文中沒有這三句。有人認為這三句是後人所說，用以概括《道德經》的內涵。《道德經》全文可參考：https://ctext.org/dao-de-jing/zh。

公理（axiom），是不能省略或刪除，也不能違反的。」

而馬斯克也將「第一原理」應用在他的創業歷程中。例如一般人都認為太空火箭造價非常昂貴，只有政府機構才能進行，但他認為一切成本都應該「從頭開始計算，只採用最基本的事實，然後根據事實來推論」。

在還原發射火箭的成本之後，馬斯克發現火箭本身只占總成本的二%，於是毅然投入成立了SpaceX。現在，SpaceX已經準備好將人類送上外太空，而最終極的目標是讓人類移民火星。

「第一原理」就是西方版的「大道至簡」。可見，有些道理在東西方文化的看法中是一致的。

價值至繁？

二〇一九年十二月，一家我曾擔任顧問多年的香港上市公司的二代接班人，特別到台北來找我尋求建議，雖然我已經兩年沒有擔任該公司的顧問，但在他們有需要時，我仍然會提供義務輔導。

首先，二代跟我報告了公司近況。在公司主流產品部分（用於手機內部的關鍵零組件）聘用了世界知名的麥肯錫顧問公司（McKinsey & Company），來將產品的研發流程加以改善並標準化、加強創新能力，以繼續保持在該領域的技術領先地位。

麥肯錫顧問服務進行了半年之久，已經接近尾聲。顧問認為，公司的研發流程接近歐美水準，研發團隊也非常配合與支持，狀況不錯。但二代始終不放心，認為即使完成目前手上的專案，之後研發部門也未必能夠持續創新，技術也未必能夠領先競爭對手。

於是我仔細檢視了新的研發流程、ＳＯＰ、新產品導入（new product introduction, NPI）*流程、關鍵績效指標（key performance indicator，下稱ＫＰＩ）等，但幾十頁複雜的簡報令人眼花繚亂，看了幾張就放棄了。

管理顧問公司的類型

世界知名的管理顧問公司多半位於北美地區，這與二〇一九年世界五百大企業排名之中，美國企業占了一百二十一家有很大的關係。雖然中國大陸上榜的企業也有一百一十九家，但其中只有二十二家是民營企業，剩餘的九十七家都是國有企業，而他們在管理、科技以及國際影響力方面，跟美國企業根本不是同一個層次的。

在「一方水土養一方人」的影響之下，美國的管理顧問行業也是世界最先進的，不論從營收獲利、企業規模、理論模型、價值創造等，都遠遠領先其他國家和地區的同業。

---

* 編注：可參閱 http://bit.ly/3nTV1p7。

依照服務內容的不同，管理顧問業大致可以分為三塊，依照附加價值與毛利率的高低，可以排序為：一、策略（strategy）；二、顧問（consultant）；三、外包服務（outsourcing service）。而「顧問」部分又可簡單分為「管理顧問」（management consulting）、「科技顧問」（technology advisors）和「系統整合」（system integration）。若按照管理顧問公司的專業分類，又可分為三種：一、傳統策略型；二、大而全型；三、利基型。

美國人力資源網站Vault發布最新的「二〇二〇美國顧問公司最佳職場前五十名」（2020 Vault Consulting 50）排行榜中，前三名仍然是雄踞排行榜多年的老字號：麥肯錫、波士頓顧問公司（Boston Consulting Group, BCG）、貝恩顧問公司（Bain & Company）。這三家就是專門為跨國企業提供「策略」顧問服務的「傳統策略」管理顧問公司。

而在台灣，大家常說的四大會計師事務所：勤業眾信聯合會計師事務所（Deloitte）、安侯建業聯合會計師事務所（ＫＰＭＧ）、資誠聯合會計師事務所（ＰｗＣ）和安永會計師事務所（ＥＹ），則是提供全面服務的「大而全」管理顧問公司。

在全球的管理顧問公司排行榜中，幾乎都會有以上七家公司的名字出現，但他們在亞太地區的營收，遠不能跟在歐美相比。尤其是四大會計師事務所，雖然屬於「大而全」的類別，但為了避免利益衝突，所以只要是審計服務方面的客戶，就不提供顧問服務，因此，他們在亞太地區主要都專注於審計服務。所以，在台灣有許多人都不知道，其實四大會計師事務所也都提供管理顧問服務。

華人企業重執行、輕策略？

我在多年前就注意到一個現象：西方企業重視策略、顧問、管理諮詢，而東方企業就比較相信「天道酬勤」，比較重視執行。結果顯示，東方企業大都鼓勵「工作要勤奮」（working hard），而西方企業比較強調「做事有方法」（working smart），以下就舉幾個點來說明。

一、**東西方文化的差異**。我在一九九〇年代擔任中國惠普總裁時，中方指派的副總裁曾經寫了一本書，以惠普公司為例來談東西方文化的差異，書名就叫做《雲與箭》。他指出，西方文化在企業經營管理上強調「精準」，就如同射箭一般，必須正中靶心，而東方文化必須要「模糊」，就如同身處雲霧之中，說不清楚、摸不透。雖然我在中國大陸工作了二十年，但我對於政府的「紅頭文件」*始終無法理解。念了幾遍之後的感覺是，每一個字都懂，但讀完之後什麼都不懂，只能找當地同事來解釋，聽完後才知道有這麼多隱晦的訊息在裡頭。這種官方文件就是標準的「雲」，而我的腦袋只能接受「箭」。

二、**在產業中的地位不同**。歐美的工業化比亞洲早，因此歐美企業在許多科技產業都扮演領先

* 編注：關於「紅頭文件」，可參閱 http://bit.ly/3KMxuQ4。

者，而亞洲企業大都是追隨者。領先者需要靠不斷創新、改變產業規則來保持領先優勢，而追隨者則要靠規模和效率才能在產業中競爭。

三、華人普遍的觀念。華人企業比較相信硬體的價值，對於軟體、服務的價值比較不認同。早期在電腦業擔任業務工作時，客戶通常都會要求「買硬體送軟體」，往往不太重視設計、創作、版權或智慧財產權的價值。

化簡為繁

另外還有一點，是我多年來的觀察。基於以下兩個原因，這些來自北美的管理顧問公司，對於華人企業客戶，往往喜歡提供非常複雜的解決方案。

一、客戶的性質不同。這些管理顧問公司原本的主要客戶，都是美國五百大的企業集團，所以共通的特性是事業多元化、企業規模化、流程複雜化。對於管理顧問公司而言，理論上每個客戶都是獨特的，提供的解決方案也應該是客製化的。但在實務上，他們都會盡可能將方案模組化，變得可以複製、可以重複使用、可以連結，這樣才能縮短專案服務時間，進而提高獲利。所以，他們對亞洲客戶提供的解決方案，大多是歐美企業的「積木方塊組合」，並沒有考慮到時空環境不同、文化不同、產業演化過程不同，因此經常會出現「南橘北枳」的後果。

二、**亞洲客戶的「崇洋」心態**。從亞洲客戶的角度來看，難免會有崇洋心態，相信如果複製歐美領先企業的做法，也可以帶來同樣的成果。再加上前面提到的，看不到軟體和服務的價值的企業，往往也看不到「簡單」的價值，反而認為「複雜」的解決方案才物超所值。這些管理顧問公司當然很樂意提供複雜的方案，來迎合客戶的喜好，以便收取龐大的顧問費用。結果「化簡為繁」成了管理顧問解決方案的主流，在每張令人頭痛的簡報後面，都有許多理論基礎與案例分享。

這些現象和問題，在凱倫・菲蘭（Karen Phelan）所著的《抱歉，我搞砸了你的公司》（*I'm Sorry I Broke Your Company*）一書中，就解釋得非常詳盡。書中提到，下列問題可能也正在你的公司發生：

- 人管理方法，不是方法管理人：太美好的SOP，都只是紙上談兵。
- 指標是方法，不是結果：小心不要因為KPI、平衡計分卡（balanced scorecard）之類的工具，患上了「數字評量強迫症」。

● 績效管理、獎金制度的最終目的，是為了分錢：最後得到的結果，是一個分數，和一筆錢。

結語

講了這麼多，那麼來找我「免費諮詢」的香港上市公司二代，又從我這邊得到了什麼建議？

這家香港上市公司的主力產品，是手機中的關鍵聲學零組件。眾所皆知，手機早就進入了產品生命週期的「成熟期」，每年的市場總量成長已經漸趨遲緩，市場一片紅海。所以，手機產業現在只能寄望於5G和相關的新應用，可以帶來另一波成長。換言之，目前手機供應鏈中的零組件也都進入了成熟期，不會有什麼重大的技術突破，業者拚的就是「規格」和「價格」。於是，我告訴這位二代接班人：

一、**創造新的使用者體驗**。他們希望利用技術，創造出不同的「使用者體驗」來創造差異。在產品生命週期的「成長期」，這個策略是正確的，因為這時的手機使用者願意為了更好的「體驗」而埋單，手機品牌客戶也願意為了更好的技術與「使用者體驗」而埋單。但當手機已經進入「成熟期」時，手機產業拚的就是「規格、價格和逼格」*。「規格」幾乎都是標準化了，「逼格」則是各有所愛，唯有「價格」是王道。此時，不管是客戶、使用者，都不會為了在聲音方面的「使用者體驗」有些許不同，而付出更高的價格。如果這時還堅持認為手機使用者會為了聲音體驗的一點點改善，而願意付出額外的價格，那就是自己在催眠自己了。

二、**成熟期產品的需求**。進入成熟期的主流產品線，需要的是「高效率」和「執行力」，所以各種流程應該要簡單化。因為越簡單的東西，出錯的機會就越低，越簡單的事情也越容易執行。

三、**新領域產品的需求**。如果是走向「車載」、「網路內容」等新興領域，先進技術開發需要的是「瞭解市場需求」和「創新」，而這時要建立的團隊能力則是「高效能」。過度複雜化、制式化的流程和SOP，都只會扼殺創新、降低效能。

無論是以上哪一點，如果是麥肯錫所建議的複雜流程與方案，恐怕都會與公司的策略目標背道而馳。我的結論很簡單，就是「化繁為簡」。

＊ 編注：逼格為中國大陸用語，指材料、外觀、工業設計等加值條件。

24 企業應該專注，還是發散？

為了追求更高的成長，企業免不了追求多元發展。在多元化的策略導引下，企業要清楚自己的本業，圍繞著本業的「核心能力」和「核心競爭力」來進行關聯性多元化發展，而非驟然跳入不熟悉的領域。

在臉書上看到《電子時報》（*DIGITIMES*）創辦人黃欽勇先生的貼文〈這場仗，容易嗎？〉*，他在文中提到：「由衷地承認這個世界有太多人比你聰明，生存的方式就是尊敬你的對手……我自嘆不如（對手）。既然知道自己不足，只有一個辦法試著活下來。那就是『專注』。」

所謂「知易行難」，大家都知道做事要專注、學習要專注，但往往就是做不到。退休後的這些年，我義務輔導了數百家新創公司，發現創業者都有個共同點，就是太「發散」，什麼生意都想做、什麼客戶都想要、什麼訂單都敢接。

創業者為什麼發散？

創業者「發散」的原因有很多：

一、**形勢所迫**。創業初期沒有方向、沒有策略、沒有目標、沒有收入，有如溺水的人，碰到什麼都會一把抓住，結果當然是「發散」。在沒辦法累積經驗的情況下，每一個客戶的產品都高度客製化，自然無法產生「通用產品」（general products），成本也一直居高不下。

二、**喜新厭舊**。很大一部分的創業者，都有強烈的好奇心，對於新東西比較不畏懼，對於新鮮的想法也比較不會排斥，因此也容易有廣泛的興趣。但是，這種性格也會造成喜新厭舊的結果，尤其是在碰到比較難應對的客戶時，就會覺得碰到「奧客」，轉而去追求新的客戶。

三、**眼高手低**。許多創業者，受到網路巨頭成功故事的影響，在產品八字還沒有一撇時，就已經在想著搞平台、收集大數據、搞人工智慧、創新生意模式等，反而忘了一件事：把產品做好，才是當務之急。想法太多、太發散的結果，就是產品沒做好、規模上不來，使得所

＊編注：可參閱 https://bit.ly/3UwEXpJ。

謂平台或大數據都如同空中樓閣，可望而不可即。更糟的是，客戶也想做同樣的事，建立自己的平台、收集自己顧客的大數據，於是客戶反而成了競爭對手。

本業是什麼？

由於以上的原因，許多新創公司在創業初期太過發散，在資金有限的情況下，什麼都做不好、做不久，最終創業以失敗收場。碰到這種新創團隊，幾乎沒有例外，我的建議都是「專注在本業上」，然而，一些太過發散的新創，往往連自己的「本業」是什麼都無法確定。

在這個網路時代，知識與興趣的培養和取得相對容易，因此年輕人流行「斜槓」，這多少也增加了發散的機會。而年紀大的成功企業家，也避免不了發散的宿命，在社交場合與這些大老交換名片時，經常會被名片上幾乎是「族繁不及備載」的職務給嚇到。甚至有些設計成摺疊式的名片，上面羅列的職稱多到讓我分不清楚，哪個才是這位大老真正的「本業」。

還有一種情況是，面對高科技和網路浪潮來襲，傳統產業亟欲「轉型升級」，於是把原來賴以維生的本業視為過時，於是任何事情都硬要套上網路、大數據、區塊鏈、人工智慧等新框架，而忘記了「生意」的本質應該是不變的。

轉型升級的陷阱

網路顛覆了許多傳統產業，而受到巨大影響的產業之一，就是傳統的實體通路。美國時間二〇二〇年五月十五日，成立於一九〇二年的潘尼百貨（J. C. Penney）宣布破產，新冠肺炎疫情成為壓垮這個百貨巨人的最後一根稻草。其他的類似例子，更是多不勝數。

過去幾年我花了不少時間，輔導一家曾經紅極一時，但也在想辦法轉型升級的ＩＴ實體通路。輔導他們的時間，我幾乎都花在努力說服這位曾經非常成功的創辦人，不要太過發散、要專注在具有核心競爭力的本業上，因為他的本業就是「通路」，所以應該專注於通路的轉型升級。

每次見面，他都會非常興奮地告訴我，他又發現新的「生意機會」，問題是，之前談過的生意機會都再也沒有提起。最近一次見面時，他告訴我在日本發現了「新產品」，準備引進中國大陸市場，目前正在跟京東、天貓商城等網路與實體通路聯繫，一定會大賣。

我又迎頭潑了冷水，問他為什麼不「專注本業」？他不解地反問，我為何認為他沒有專注本業？我的回答是：

> 從你看待這個「日本新產品」和「正在轉型升級的新零售通路」這兩者的優先順序，就可以判斷你是否真的專注。

如果你的優先目標，是讓這個日本新產品在市場熱銷，那麼走知名的網路與實體高流量通路，例如京東或天貓，就是正確的選擇。但如果你的優先目標，是自己正在轉型升級的新通路，那麼這個日本新產品應該只在自己的通路上架，既成為自己通路的亮點，又可以增加與競爭對手的差異。

這一念之差，會使競爭對手變成合作夥伴。你正在為競爭對手添柴加火，滅了自己的本業。你說，這麼做是發散還是專注？

多元化的陷阱

這時，我的回憶又回到了二〇一二年初，我和前老闆到日本大阪與夏普（SHARP）開會的事情。

在會中，我的老闆批評夏普的面板事業部主管，將採用最先進技術的面板，以最優惠價格供應給韓國三星，因而生產出來的三星電視機，不僅在海外市場打擊夏普電視，更是侵門踏戶、進入日本市場和夏普競爭。

然而，夏普經營管理層對我老闆的批評並不以為然。因為夏普已經成立了不同的事業單位，各自為營收獲利負責，而當時的夏普面板事業部門不管在營收或獲利上，都已經超過了電視事業部門。身為當紅炸子雞的夏普面板事業部門主管，對我老闆的批評與建議當然嗤之以鼻。

這個場面，徹底改變了我對日本的刻板印象。以前我認為，日本人的團隊合作精神是優於其他國家的，但其實不然，即使在夏普內部，也是「勝者為王，敗者為寇」的局面。

夏普的結局，大家都已經知道了，韓國和中國大陸的電視機，不僅滅掉了夏普電視，也打敗了其他日本品牌的電視。而夏普面板事業本身也活不下去，最終被台灣鴻海所併購。

現在回頭想想，夏普的「本業」是什麼？夏普不再專注的「家電品牌」，是否被「多元化」的思維給滅了？皮之不存，毛將焉附？

結語

無論是新創公司、轉型升級中的傳統產業，或是成功的多元化大企業，都因為不專注於本業，而走上失敗或滅亡的結局。這些都是我親眼目睹、活生生的例子。這些創業者或專業經理人，其實都是極度聰明的人，這麼簡單的道理，難道他們都不懂嗎？而當自己已經深入險境了，難道還沒有自覺嗎？

創業維艱、守成不易，成功的企業絕對不是靠運氣，必須每件事情都做對。但企業之所以失敗，往往原因都不一樣，因為只要做錯一個重要決策，就有可能落入衰退與滅亡。

企業經營者一定要知道自己的「核心能力」與「核心競爭力」，更要知道「本業」是什麼。專注於本業，未必會讓新創公司成為「獨角獸」，但是一定可以提高存活機率。

對於亟欲轉型升級的企業，專注本業未必能夠保證轉型升級成功，如同攀岩時「三點不動，一點動」未必可以讓你快速上升，但卻可以保證你不會掉下來。我也看過太多例子，公司本業仍然獲利，但是卻把重心放在轉型升級的新事業上，結果本業衰退太快，新事業又起不來，導致公司因為巨額虧損而滅亡。

成功大企業為了追求更高的營收成長，免不了追求多元化發展，如果「死守」本業，也可能落入「邊際效用遞減」（diminishing marginal utility）的低投資報酬率陷阱。雖然可以保證存活，但是對投資人來說，也不見得是最好的做法。在多元化的策略導引下，仍然要清楚自己的本業，然後圍繞著本業的「核心能力」和「核心競爭力」來進行「關聯性多元化」（related diversification）發展。反之，則是不要因為被成功沖昏了頭而忽視本業，驟然跳入不熟悉的領域，進行毫無關聯的多元化（unrelated diversification）。

專注，才是企業求生存的不二法門。

25 讓企業的轉型升級成為日常

如果企業能每年做策略規劃，並且以市場導向來檢視外在環境的變化，以及核心能力的不足，轉型升級就會成為一種「日常」。轉型升級的最高境界應該是「不知不覺」，「大破大立」是最不得已的情況。讓轉型升級成為一種日常，才是最好的做法。

讀者吳念軒（Jessica Wu）在我前一篇文章〈企業應該專注、還是發散？〉留言，問到中小企業面臨轉型時的幾個問題。由於她不是我的臉書朋友，所以我不太清楚她的公司背景，也實在無法具體回答這幾個問題，因此我從「企業轉型升級的根源」這個角度，試著簡單說明。一方面我也覺得這個題目很重要，因為在輔導中小企業時，經常碰到這個問題。另一方面，在臉書上回答文章留言必須簡短，也無法三言兩語解釋清楚。

於是在徵得Jessica同意之後，我以跟他之間的問答作為引子寫下這篇，希望台灣的中小企業能夠參考我的文章，將企業的轉型升級變成「日常」，就不必再為相同的問題煩惱了。Jessica問：

程老師：您的文章總是切中要害又溫和客觀。常拜讀您的文章，需要把腦門子給清理乾淨才能學習一二。

想請教老師，我在中小型的傳統產業堅持本業，品質優良，但面臨低價與化學原料的衝擊，將進入轉型的節點，知道該轉，但行動前感覺困難重重與漫無章法。在這個時期，請教您：

一、一開始如何在起點抓住一根可循的浮木行動，透過具體行動通則，強化轉型意願？

二、踏入轉型的一小步後，將經歷另一波的金錢設備投入與人員溝通與訓練，這時候又該如何聚焦？什麼樣的人是關鍵溝通對象？設備資金無法一次大刀闊斧時，如何循序漸進會是相對可行的？（在轉型的世界尚屬無知發散，不確定問題是否恰當。如能有幸，請老師指教）

我的回答如下：

這個題目說來話長，不是三言兩語能說得清楚的。簡單來說，「低價化」是因為你會做的，產業中的競爭對手都會做，使得你為客戶創造的價值變小了。你要去發現或創造新的客戶需求，然後培養自己新的能力與競爭力，才能開發出新產品，滿足客戶的新需求。

企業永遠都在以下幾點形成的迴圈之中：一、發現需求；二、培養能力（花錢）；三、開發新產品（花錢）；四、滿足需求（變現）；五：競爭對手都會做（低價化、價值變小）。然後再進入下一個輪迴。而這個過程，就是客戶導向的轉型升級。你的問題一與二，在迴圈中不知不覺都做到了，變成一種日常。轉型升級的最高境界是「不知不覺」，「大破大立」才是最不得已的情況。

策略規劃

對於我的回答，Jessica很客氣地回覆：「您回答得非常精要清晰，非常感謝。」雖然我的答覆簡單，但即使是熟悉我文章的臉書朋友和讀者，可能都還不太容易瞭解「企業如何在不知不覺中做完轉型升級」，更何況不是我臉書朋友的Jessica？

在我的所有文章中，最重要而且最實務性的，就是收錄在《創客創業導師程天縱的專業力》一書中的「策略規劃系列」這五篇文章。雖然我要求在網路上申請我輔導的新創公司，都必須熟讀這五篇文章，並且將重點加入商業計畫書之中，但所有接受輔導的新創公司都沒有辦法做好這個「功課」，所以我只能在有限的輔導時間之中，在白板上為他們畫圖講解。

在繼續閱讀本文之前，無論你是企業老闆或專業經理人，如果想要避免有朝一日面臨企業轉型升級的難關與豪賭，強烈建議先讀完這系列的五篇文章，作為本文的背景資料，然後再接著閱讀下去。

企業的本業

企業存在的目的，就是服務客戶和使用者、滿足需求、解決問題、提供更好的體驗，同時透過這些服務為客戶和使用者創造價值，得到營收與獲利。

「策略規劃系列」的頭三篇文章討論了「目標市場」和組成目標市場的客戶與使用者，如果失去客戶與使用者，企業就失去存在的意義，必定走向滅亡。第四篇文章談到企業的「核心能力」和「核心競爭力」，想提供好服務給客戶與使用者、為他們創造價值，就要檢視企業是否有足夠的核心能力。在自由開放的市場中，必定會有競爭對手，即使今天沒有，明天也會有。想在市場競爭中勝出，就要靠企業的核心競爭力。

透過企業本身的能力與競爭力，定義出產品與服務、滿足客戶需求、賺取利潤，這幾個因素加在一起，就是企業的「本業」。

持續改善

但是，時空環境會改變，企業的經營團隊、能力、產品、客戶的需求、競爭對手也都會改變，所以，企業也必須要跟著改變。改變的方式有三種：改善、改革、革命。

所謂「改善」，就是將「策略規劃」變成一個永不停止的循環流程，隨著各種外在環境的變化，而跟著動態改變。而「改革」，就是企業經過長期守成，導致跟不上外部時空環境的變化，因而失去競爭力，在面臨存亡的關頭自主思變，隨之採取的行動，美其名曰「轉型升級」。

「革命」也是一種「改革」，但不是由企業自己發起的，而是由原產業競爭對手或跨界新進入者（new entrants）所發起的，結局就是自己的企業「被別人把命革掉」了。

企業是如何滅亡的？

吉姆．柯林斯（Jim Collins）是暢銷書《基業長青》（*Build to Last*）、《從A到A+》（*Good to Great*）的作者，也出了一本書叫做《為什麼A+巨人也會倒下》（*How the Mighty Fall*）。連A+巨人都會倒下，更何況是中小企業？

柯林斯不愧是近年來最熱門的管理學者、企管顧問、作家，他的前幾本書探討企業成功的共同因素，但是也令讀者質疑，書中引以為典範的大企業，有些都逃脫不了最終倒下的結局。於是柯林斯又把《基業長青》和《從A到A+》書中這些大企業的資料挖出來分析，找出為什麼A+巨人也會倒下的原因。

這個分析就沒有那麼容易了，因為「所有幸福的家庭都很類似，但是每個不幸福的家庭，都有各自的原因」。（All happy families are alike; each unhappy family is unhappy in its own way.）因此，柯林斯只能歸納出A⁺巨人倒下的五個階段。許多專業書評認為《為什麼A⁺巨人也會倒下》沒有前兩本那麼精彩，也比較沒有說服力。

我的看法是這樣：企業不分大小，都應該定期（每年）做「策略規劃」，檢視各種外在環境的變化，最重要的是在「目標市場」之中，客戶和使用者的需求是否有所改變？而自己的能力是否足以應付，並提出新的產品和服務來滿足這些新需求。

其實每個A⁺企業都有自己的方法在做「策略規劃」，但倒下的企業大多流於形式、脫離現實，太依賴知名的顧問公司，而不相信自己內部中低階的主管。於是，在策略上就容易犯錯，在執行上又得不到中低階主管的認可與支持，最終導致倒下的命運。

惠普和德州儀器

柯林斯在《基業長青》中，探討了十一個產業的「成功典範企業」和比較不成功的「對照企業」，歸納出成功企業的共通模式。在科技產業，惠普是成功典範企業，而德州儀器則是比較不成功的對照企業。

一九九七年初，我決定離開惠普、加入德州儀器，我當時的惠普老闆還拿《基業長青》這本書給我看，希望我重新考慮這個決定。如今再看這兩家企業，可能位置要互換了。有關惠普公司的策略變革，在《創客創業導師程天縱的專業力》書中的〈願景背後的權力該為誰服務？〉一文裡，簡單提到了惠普開始踏上衰退的故事，歡迎有興趣的讀者閱讀。

惠普當時的董事長兼執行長路易斯．普萊特（Lewis Platt），決定讓位給由朗訊（Lucent）挖來的卡麗．菲奧莉娜（Carly Fiorina），期望她帶領惠普電腦從ＩＴ產業轉型進入網路產業。這策略是正確的，但是沒想到由通訊領域來的菲奧莉娜，卻進行了具有巨大爭議性的康柏電腦（Compaq）併購案，使得惠普背上更大的ＩＴ包袱，從此跟網路產業道別。

如今身蹈ＩＴ紅海市場的惠普電腦，不但面臨營收獲利下滑、大舉裁員的下場，而且在二〇一九年底，還被市值僅為惠普電腦三分之一的全錄（Xerox）展開敵意併購，演出「蛇吞象」的戲碼。

德州儀器則經過兩次重大的策略變革，如今已成為全球最大的類比晶片供應商。有興趣的讀者，歡迎閱讀《創客創業導師程天縱的專業力》一書中，〈聚焦、願景、領先：德州儀器的第一次變革〉和〈泡沫、脫困、再造：德州儀器的第二次變革〉這兩篇文章。我在德州儀器的十年（一九九七年底到二〇〇七年中），擔任亞洲區總裁和全球策略團隊成員之一，每年都會參加由ＣＥＯ主持的「策略會議」。

惠普和德州儀器都有自己的「策略規劃」流程和模式，目的都一樣：檢視外部環境的變化，檢討內部策略的調整。「策略規劃系列」的五篇文章，是我三十五年跨國企業經營管理，以及輔導新創公司的經驗歸納出來的簡單心法，更適合新創公司和中小企業的實務操作。

轉型升級

在「策略規劃系列」的第五篇文章〈能力與變現——企業生存與升級的關鍵〉中，我引用了《哈佛商業評論》（*Harvard Busienss Review*）的一段話：

> 公司要永續經營，商業模式就不能一成不變。但要執行商業模式創新，除了有構想，還必須平衡「守成」、「除舊」、「開創」這三股力量。因此，有遠見的執行長，必須做到三件事：管理現在、選擇性地忘記過去、創造未來。

如果台灣的中小企業，能夠每年做策略規劃，並且以「市場導向」來檢視所有外在環境的變化，以及自己企業「核心能力」的不足，轉型升級就會成為一種「日常」。

再次強調：轉型升級的最高境界，就是不知不覺，大破大立是最不得已的情況。讓轉型升級成為一種日常，才是最好的做法。

結語

讓我再引用「策略規劃系列」第五篇文章〈能力與變現——企業生存與升級的關鍵〉的相同結論，因為重要的事情，要多說幾遍。

一、策略規劃是一個永不停止的循環流程，有遠見的執行長應該帶著經營團隊，定下週期性的時間表做策略規劃。

二、週期性地檢視目標市場需求的變化，並發現因應變化而出現的企業能力的不足，做出培養新能力的計畫，放在第三個盒子裡。

三、執行長必須保持三個盒子的平衡。如果只專注在第一個盒子「守成」，忽略了第二個盒子「除舊」和第三個盒子「布新」，最終會導致巨大的虧損和企業的滅亡。

四、新能力的培養需要時間和資源，必須及早規劃。

五、企業的永續經營，就是一個培養新能力和變現的循環。

26 客戶要回扣……怎麼辦？

公司老闆花錢送回扣，結果只是讓客戶腐敗，也為員工做了最不良的示範。員工也要瞭解，能讓你爬到職業生涯金字塔頂端的，只有個人的正直與道德。價值觀會影響你一輩子，千萬不要輕易拿來和工作績效交換。

有臉書朋友在自己的版上，公開向我提出這個問題：

程老師，不好意思又打擾您了。我這兩天公司遇到一件事情，我本來以為我可以輕鬆hold住，但我發現我居然陷入了迷津之中……我覺得業界大概只有您有這個高度能指點我。

事情其實很簡單，就是有個客戶第一次跟我們買了產品後，他又要採購了，這個是使用方。他跟我談回扣，其實這種事情很常見。我自己處理過一些，一般來說發生在跟對方採購經理之間，金額也不大，就包個紅包，對我來說就是掛在公司日常行政費用裡。

現在商務處理不像過去，也可能是我比較幸運，沒有出現那種要很多回扣的。這個使用方我確實口頭上有答應他每台還錢給他，但是我也跟他說明了條件是：一、你們是直接跟我們採購；二、你們採購不會壓我們價格。

但果然出了包，就是他們採購找了第三方公司，我顯然不能過問中間商到底是把貨出給誰，等我意識到這個中間商的最終使用者是這家公司之後，我只能跟這個使用方說我沒有辦法給你回扣了……但對方立刻就不開心了，說下次就找別家採購……

我目前採取的行動，就是立刻跟這家中間商說，因為「不能說的原因」我不能做你這個案子了，我推薦他找另外一個同行採購。當然這個中間商八成是把我加到黑名單了。

我不知道我這樣處理是否正確。因為這個使用方已經不高興了，我怕我硬是供貨，他後面會在產品或技術上刁難我。

我的另一個疑問是，對於這種客戶，我們是否有必要「縱容」他。我冷靜之後想想，我其實可能可以安撫他，給他一些小禮品（當然確實沒有辦法如期給他回扣了，否則我們就真的虧了），當然我不知道他是不是會接受。這種事情是雙面刃，他可能也不想被別人知道他想吃回扣。

我想這種事情有些新創公司也會遇到，所以我採用公開的方式，希望給大家一些借鑑，也期待您的指點。

既然我的臉書朋友在她的版上公開提問，並且要我公開回覆，以便分享給其他面臨同樣問題的朋友們，那麼我就公開說吧。

以權力換取金錢

藉由手中的「權力」換取金錢，乃落後或開發中國家的普遍現象。

記得一九七六年我剛退伍，在一家小貿易公司從事業務的時候，我有個同學自己創業當個小老闆，說要為我介紹客戶，同時讓我見識一下怎麼做生意，於是帶著我去某國營事業負責採購的客戶家中拜訪。當著我面前，雙方就談到採購某設備，以及相關的回扣佣金金額。談判結束後，客戶說過幾天要上台北，希望我同學能夠招待他去北投吃喝玩樂。同學半開玩笑地說：「這筆交易金額這麼小，已經給了回扣，實在沒有什麼利潤，還要去北投吃喝？等下次有個大採購案再去吧。」這對於初入社會當業務的我，震驚到下巴都快掉下來了。

事後，同學告訴我，做生意不容易，當每個廠商、經手人員都要回扣，每個競爭對手也都給回扣時，不得不隨波逐流，否則什麼生意都做不到。還好，在小公司當業務，這些回扣的事情都是由總經理親自操盤，輪不到我操心，以免「關係」掌握在業務手上。

一九七九年初，我加入台灣惠普，經過十個月的台灣新生訓練和美國工廠產品培訓後，終於開始擔任惠普的銷售工程師。惠普的五大價值觀之一就是「正直」，並且強調是「毫無妥協餘地的正直」（uncompromising integrity）。由於有在小公司擔任業務的兩年多工作經驗，我還很認真地問我的主管，如果客戶要回扣的話，怎麼辦？主管毫不猶豫地告訴我：「趕快離開（他），寧可不要這筆訂單。」

當時我負責的某大客戶，有位部門主管很受公司信任，因為手握大權，所以每筆採購都要回扣，在業界無人不知。但是在採購流程中，一定要有多家供應商，作為比較規格與價格之用，因此經常找我提供惠普產品的規格說明和報價單。

明知我毫無機會，但是我認為，擔任銷售工作本質上就是「服務」，況且即使是超級業務員，也沒有辦法保證拿到每筆訂單。因此，只要有要求，我必定提供服務，幾年下來，雖然沒有拿過訂單，與這位客戶倒也變成好朋友。

有一天，這位客戶通知我，決定跟惠普採購大批測試儀器。我急忙趕去辦公室見他，並且跟他講清楚，惠普是不給任何佣金或回扣的。客戶說：「這我當然清楚，我也知道很多人說我拿回扣，所以我這次決定跟惠普採購，就是要證明這些話都是謠言。」於是，我意外接獲了大筆訂單，而且從此以後，也不時會從這個客戶處得到一些訂單。

正確的價值觀

我很幸運地從惠普和德州儀器的三十年職涯，建立了正確的價值觀，尤其是「專業道德與正直」（ethics and integrity）。

雖然在「第一人生」的家庭到學校教育之中，都會給每個人一些基本的人格和素質培養，但是進入「第二人生」開始工作，才算進入戰場，才會真正見識到人生百態。第一家公司、第一個主管、第一份工作，對每個人的價值觀都會有很大的影響。

為什麼已開發國家的公民素養，普遍比落後或開發中國家要來得高？從GDP或人均所得來看，或許馬斯洛人類需求五層次理論（Maslow's hierarchy of needs）可以解釋，但我覺得大環境和普世價值才是真正的差異所在。許多類似「暴發戶」起家的企業主或國家，雖然極為富有，卻窮得只剩下「錢」，這些人談不上什麼公民道德與素養，習慣於以錢來衡量價值，以錢來解決問題。不論是企業或國家，淪為以「拜金主義」為價值導向的時候，企業早晚會衰退甚至滅亡，國家也必將動亂。下面就以我比較熟悉的企業經營管理來談。

用錢解決客戶問題，是企業腐敗的開始

犯罪學家威爾遜（James Q. Wilson）及凱林（George L. Kelling）於一九八二年提出了「破窗效應」（broken windows theory），他們認為，環境中的不良現象如果放任不管，就會誘使其他人仿效，甚至變本加厲。

當一個企業的採購人員開始向供應商要求回扣，而且成功無事，那麼其他握著權力的人，就會開始運用他們手中的權力，也開始要求回扣，使得企業到處充滿了貪汙腐敗的現象與文化，企業最終就會因為失去競爭力而滅亡。研發單位會指定規格和廠商、品質部門會故意刁難廠商、製工在製程中增加俗稱「狗皮藥膏」的保護貼用量、物流部門會指定包材供應商、行政部門找固定的文具耗材廠商、財務部門故意拖延貨款等，都是這類現象的徵兆。

我曾經輔導過許多中小企業，談到他們面對大客戶各部門所碰到的種種困難。我也坦白告訴他們，每個刁難都是「義正辭嚴」，都是為公司著想。但是這些刁難的背後，就是要廠商去找他們談、去求他們放一馬，於是檯面下的私了，就可以解決許多檯面上的問題。企業老闆往往不知道這些細節，即使有廠商告狀，也找不到證據，反而更相信屬下是因為恪守職責，所以才得罪供應商。

我曾經是甲方，也做過乙方，幹過採購也幹過銷售，這些「貓膩」*往往超乎企業老闆所能想像的範圍。

在企業經營管理中，有許多灰色地帶存在，就如同組織架構越龐大，越會存在「白色空間」（white spaces），也就是三不管地帶。而所謂「白色空間」，其實也就是眾多灰色地帶之一。但是，只要牽涉到「專業道德」和「正直」，絕對沒有灰色地帶存在，非黑即白。可是客戶要求回扣，這是現實存在的問題。要不要這個訂單？要不要這個客戶的生意？怎麼辦呢？

花錢，還是花時間？

廠商對客戶、主管對屬下，想要贏得對方的信任與尊重，往往只有兩個辦法：花錢，或是花時間。

先說花錢。因為花的都是公司的錢，而不是自己口袋裡的錢，因此經理人往往都選擇花錢這個方法。對於客戶，明的就是接受客戶殺價，暗的就是給回扣。我在擔任業務經理的時候，常常會有業務回來跟我報告好消息說：「訂單已經拿到了，只要我們答應客戶要求的價格。」我一看，要求打七折，花公司的錢好不心疼。這就是明的。

還有半明半暗之間的，就是吃飯、喝酒、第二攤、招待打球、旅遊、送禮等，但這些最終都會殊途同歸，走向暗的。不管是明的降價、暗的回扣，都是短多長空的做法，因為只要是花錢，當有競爭對手給更多的時候，過去的「投資」都沒有用了，關係立即換人接手。

對於屬下，不外乎加薪、給獎金。對於這種花公司錢收買人心的辦法，也是白費工夫。對多數人來說，加薪或發獎金都只會興奮一、兩天，接下來就會覺得「調薪水、發獎金是理所當然的事」了，這就是英文所說的「應得的給予」（entitlement）。

而唯一可靠、可行、可長久的方法，還是花時間。「路遙知馬力，日久見人心」，這個道理從古至今都是不變的，因為只要是人，就離不開人性。對客戶而言，提供服務、堅持原則，有所為、有所不為，長久以後，人心都是肉做的，總有一天會贏得客戶的信任與尊重。這種關係就不是競爭對手花錢能取代的。對屬下而言，關心他、花時間培養、給他機會、給他舞台，提供資源讓他成功，就會贏得屬下的信任與尊重，或許你還會成為他人生中的貴人之一，永生不忘。對屬下的激勵手段有許多種，常用的方法有：一、績效誘因（incentive）；二、獎金（reward）；三、留才（retention）；四、表揚（recognition）。前面三種都與金錢有關，只有「表揚」與錢無關，但激勵的效果卻最巨大。

＊ 編注：「貓膩」一說為老北京話，指內情、不能見光之事，多為私弊。

結語

不論是老闆或員工，花錢都是簡單粗暴、快速取得生意的做法。老闆衡量得失，把回扣當作成本或費用，員工也樂意花公司的錢，達成自己的業績。而另一方面，花時間的做法則是一步一腳印，目標遙遠、路途漫長，老闆或許會心想：「公司能夠活那麼久嗎？」而員工則會想：「我會在公司幹那麼久嗎？」

這些都是很好的問題，我也沒有快速有效的解決辦法可以提供，但作為一個公司老闆，你可要考慮清楚：花錢的辦法是在讓你的客戶腐敗，同時也在為自己公司員工做一個最不良的示範。

作為公司的員工也要瞭解，在職業生涯的路途上，能夠讓你爬到金字塔頂端的，是你個人的正直與道德。價值觀會影響你一輩子，千萬不要輕易拿來和工作績效交換。

至於談到台灣的大環境，四十多年前我剛踏入社會的時候，做生意給回扣是業界的不成文規定，也是很普遍的現象。就統計學的理論來說，貪汙腐敗、收回扣的現象永遠不會消失，但這應該是少數公司的行為。如果在今天的台灣，這些還是業界普遍的現象，那我就不覺得過去的半個世紀以來，台灣有什麼進步、有什麼值得驕傲的地方了。

27 激勵措施：不僅獎賞個人，更要獎賞價值觀

在前一篇文章〈客戶要回扣……怎麼辦？〉中，談到了「正確的價值觀遠比生意或訂單重要」，希望不論是老闆或員工，都不要為了短期的利益而犧牲了長遠的價值觀。而本文要談的，則是進一步說明激勵措施的類型，以及適用的時機與方法。

前文談到，不管是廠商對客戶，或主管對下屬，「花錢」不如「花時間」，因為，無論是給客戶回扣，或是光給下屬加薪，都無法贏得對方的信任與尊重。

在談到主管對下屬的激勵時，提到常用的方式包括「績效誘因」（incentive）、「年終獎金」（reward）、「留才措施」（retention）、「公開表揚」（recognition）四種。前面三種都與金錢有關，只有公開表揚與錢無關，但是激勵的效果最巨大。

沒想到，許多讀者對激勵方式有很大的興趣。許多人留言或傳私訊給我，表示「金錢」還是最有用的，「口頭表揚」沒什麼作用。所以我覺得有必要對讀者們深入解釋這些激勵措施的目的和做

法，以免誤導。

績效誘因

「績效誘因」通常是企業在每年年底之前，公布從每個部門到每個人的明年主要績效目標，以及達到（或超過）目標時的獎勵辦法。例如業務人員，如果達到一〇〇%業績，就可以和配偶參加公司舉辦的「贏家旅遊」，如果達到一〇〇%至一二〇%的業績，則可以使用兩倍佣金比率（commission rate）等。

重點是：**績效誘因是「事前」「公開」發布的「遊戲規則」，結合「薪酬」計算，只要是同樣職務的人都適用。**

年終獎金

「年終獎金」通常是在年度結束之後，對於績效超乎預期的績優人員，在績效誘因之外再給予「年終獎金」，以獎勵其卓越貢獻。但是華人企業，尤其是華人的家族企業，經常把年終獎金變成「薪酬」的一部分，使得中高階主管的薪酬變成「低薪、高獎金」的組合。

通常薪水會有職級的薪酬範圍（salary range）限定，但是年終獎金則很難有客觀、量化的績效衡量標準，因此往往是以老闆或主管的主觀認定為準，而這種企業就很容易形成「一言堂」和「金魚的糞」*的文化。在台灣不乏這種企業，業界都戲稱這個年終獎金為「黑包」，因為獎金的金額沒有什麼邏輯和道理可言，就看老闆喜不喜歡你、認不認為你是自己人，通常與績效沒什麼關係。

重點是：**年終獎金是「事後」「私下」（不能公開）發出，沒有什麼遊戲規則，成為薪酬的一部分，只有少數人可以得到**。不能公開的原因，除了金額沒有什麼邏輯和道理之外，員工彼此之間還有比較心理，即使自己也有拿到，但是對金額總會不服氣。因此達不到激勵的效果，反而使員工覺得不公平，變成怨恨的結果。

留才措施

對於績效表現優異、有發展潛力、接班人選等的員工，公司除了要有針對性的、個人化的接班和培訓計畫之外，還要有「留才措施」。通常是分四年或五年，以「選擇權」（stock options）或是「限制型」（restricted stocks）形式發放公司「股票」或給予現金。如果個人選擇離開公司另謀他

---

*　編注：「金魚的糞」可參閱《創客創業導師程天縱的專業力》書中〈金魚の糞〉一文。

就，則未實現的股票或現金則回歸公司，個人不得領取，也就是說，這種留才措施會形成員工的「離職障礙」。

有很多公司會把獎金和留才措施結合使用，同時達到獎勵與留才的目的。重點是：**留才措施是「私下」、不能公開、以股票或現金分多年發放的，可以讓員工知道有這種制度，但是具體留才的對象和金額則不能公開。**

公開表揚

可以用績效誘因的公開遊戲規則，針對有重大貢獻者，或是公司公開競賽得獎者為評選標準，來決定表揚的人選。但必須是「公開」表揚，可以在公司內部的定期員工大會，或是適合的外部合作夥伴、供應商、開發者大會中表揚。

至於「獎賞」部分，最好不要與金錢有關，要有創意，而且令受獎者感受到高度榮譽，甚至終身難忘。我在外商服務期間，看過各種有創意、獨特的「獎賞」。例如ＣＥＯ以家宴款待得到表揚的員工夫妻，並且將照片或影片分享在內部網站上。或是ＣＥＯ或事業部總經理、廠區最高主管，為得獎員工「洗車」，也有的是空出最高主管的特定停車位，由得獎員工使用一個月。

重點是：**「表揚」必須以「公開」形式進行，必須「及時」、不要拖延。獎賞不要與金錢掛**

勾，否則表揚的目的反而會失焦。獎賞方式要有創意，令得獎者終身難忘，令其他人產生「有為者亦若是」的效果。

結語

我是一個實務出身的專業經理人，所以不想唱高調地跟各位讀者說「金錢不重要」。但君子愛財，取之有道，如果是以違反專業道德或行為準則來取得金錢的事，我絕對不會做。為了取得金錢而犧牲自己的人生觀與價值觀，絕對划不來。

至於本文所談的四種激勵措施，前三種都與金錢、報酬有關，也都有各自不同的目的和做法，但是，激勵的對象都是在員工本人。至於第四種表揚措施，除了激勵員工本人之外，更是為公司所有員工樹立榜樣和標竿，以達到「加強企業價值觀和文化」的目的。所以，**獎賞最好不要完全與金錢掛勾，否則會形成追逐金錢的價值觀與文化**。許多研究證實，公開表揚的激勵效果最大，因為得到激勵的不僅是員工本人，還包含了公司裡所有的員工。道理就在這裡！

28

論價值之一：書的價值在哪裡？

讀書時如果是以「瀏覽」的態度來看，因為經驗不同、場景不同、時空不同，所以得到的啟發和幫助完全看個人的領悟能力，獲得的則是「被動式的價值創造」。如果帶著需求和問題到書中找答案，而書又可以很快提出很好的建議，那麼書給予讀者的就是「主動式的價值創造」。

「吐納商業評論」網站的主編傅瑞德，於二〇二一年十一月二十二日發表了一篇文章〈數位媒體時代的「知識內容新價值觀」〉*，他提到：

在數位媒體時代，相對於「內容」的分量與價值，「載具」成本對出版者來說相對不高，對消費者而言更低。但在載具世代交替的同時，許多人就可能會產生「價值焦慮」。若想解除這種焦慮，就得學會重新看待知識內容與載具的價值。

文章中引用了賣二手書的故事：七百多本二手書，只賣了台幣五百元捐慈善機構。房子、名錶、藝術品可能放個十年、二十年，都大幅增值，為什麼書一買回家，價值就僅剩下一%？

傅瑞德認為，因為你買（消費）的是裡面的知識，所以值錢的部分你已經取用了，剩下的就是「雞骨頭」（二手書）。他在文章中也提到，在數位媒體時代，各種新的載具形式包含了電子書、今日頭條、抖音、YouTube等。但是由於我自己的前六本書，主要的銷售數量都是以紙本為「載具」，因此在這篇文章裡，我想要談談這個話題：「紙本書的『內容』究竟有沒有價值？」

內容與載具，價值與成本？

我們先看數位媒體的成本與價格。對消費者來說，大部分的數位媒體所提供的內容是免費的，縱使有部分是訂閱制或付費制，費用都非常低，才能吸引消費者付費。俗話說：「殺頭的生意有人做，賠錢的生意沒人做」。難道數位媒體就沒有成本了嗎？寫作、製作、行銷等，都不用花錢嗎？其實，這就是典型網路時代的新生意模式：「羊毛出在狗身上，豬埋單」。

至於紙本書，以我的六本書為例子，雖然定價都是介於三百六十至四百元，經過各種行銷折扣

＊　編注：可參閱 https://tuna.mba/p/211122。

之後，往往消費者付出的只有三百元左右。在這三百元當中，扣除載具（紙本）成本大約五十元、通路成本大約一百二十元、出版社的利潤等，內容創作者得到的，頂多是定價的一〇％到一五％。數位媒體還可以靠規模，薄利多銷，但是傳統的紙本書，現在在台灣能夠賣個幾千本，就算暢銷了。

傅瑞德在他的文章中說到，讀者花了三百元買書，卻可能學到了「價值」一百萬的知識。他也說到，這個「價值」會因人、因書而異。這麼說，「內容」真的是有「價值」的嗎？為什麼內容創作者沒有得到等值的回報呢？

內容的價值如何決定？

傅瑞德的這篇文章，是以「媒體」的角度來探討「內容」與「載具」，重點擺在媒體不同的載具形式上。他也總結說「無論訂閱制（付費）與否，價值的來源都在於內容」，從他的文章中可以看出來，對於內容的價值判斷來自「讀者」，而不是「創作者」。對於這一點，我非常贊同，這也是「市場導向」的正確看法。

但是，我又認為，如果讀者認為內容有價值的話，應該願意付出溢價。為什麼有價值的書，賣得這麼便宜呢？尤其內容創作者所得到的回報竟是如此低？更糟糕的是，台灣原創的書，即使定價這麼低，銷量仍然很有限？對於這個問題，傳瑞德的看法是：

　　有用的內容效益因人而異。雖然價值高，但真正需要的人相對不多，不同來源的同質性也高（例如專業教學）。在競爭之下，消費者往往很容易找到免費內容，或「免費方法」，讓提供者不容易賺到錢。

這段話有幾個關鍵點：

一、有用的內容效益因人而異；（我同意）
二、雖然價值高；（我懷疑）
三、真正需要的人相對不多；（是指銷量嗎？那麼暢銷書怎麼解釋？）
四、競爭和免費，讓提供者不容易賺到錢。（果真如此，還能夠說是價值高嗎？）

這幾點關鍵，其實混雜了銷量和價格的兩個問題。對於銷量問題，我認為是因為臉書的演算法限制，讓出版社的行銷沒有發揮作用，導致我的臉書朋友和追蹤者，或過去曾購買過我作品的讀者，都不知道我已經出版新書。因此可以歸咎於行銷不力。

但是針對價值與價格的問題，就讓我非常頭痛，不知如何回答了。照道理說，客戶對於有價值的產品，應該就願意付出高價格，而有價值又低價的產品，應該熱賣才對呀？為什麼我的這幾本書，銷量始終拉不起來？經過我長期的思考和分析，認為問題就出在讀者對我的書的「顧客感知價值」（customer perceived value, CPV），而不在於競爭與價格。

客戶的心態

我六本書的內容，大多是過去四十年職場經營管理實務經驗的紀實與分享。在台灣的每一個人，不分男女、不論創業或就業、不管是在外商或本土企業服務，都應該會對我的書有興趣。但是，讀者從我的書中真正獲得了「價值」嗎？

讓我先以過去幾十年從事銷售工作的經驗，來談客戶面臨採購決策的四種心態，這和消費者是否會決定買一本書的情形很類似。一個好的業務，要完成一筆交易，一定要瞭解客戶對於這筆交易所採取的心態，而心態通常離不開以下四種模式：

一、困境模式（trouble mode）：企業身處困境，必須找到解決方法脫離困境，回到正常營運的模式。

二、成長模式（growth mode）：企業營運正常，但是未來有更遠大的目標，必須要做改變，才能達到這個成長目標。

三、平順模式（even keel mode）：企業目前營運平順，對於任何改變的建議都採取中立的心態，可以要，也可以不要。

四、自負模式（overconfidence mode）：企業的表現正處於巔峰，任何改變都有可能導致企業績效下滑，所以不要隨便搖晃我們的船，免得翻船落水。

如果你的客戶是「困境模式」或「成長模式」的心態，那麼你交易成功的可能性就非常高。如果你的客戶是「平順模式」的心態，那你可能徒勞無功或進展非常緩慢，因為他的日子過得太舒服了。如果客戶的心態是「自負模式」，那麼你最好離開這個客戶，不要浪費時間，因為你交易成功的機會是零。

簡單地說，大部分的人去書店，都是以「平順模式」的心態來逛逛，如果看到吸引他的書，就會購買回去閱讀。極少有人會帶著職場的問題或需求，也就是以「困境模式」或「成長模式」的心態到書店去買書、找答案。如果是「自負模式」心態的人，例如成功的企業家或高階主管，那就絕對沒時間也沒興趣閱讀經營管理的書籍。

即使是帶著正確心態到書店去買書、找答案的人，也會因為即使讀完整本書，卻未必找得到答案，而降低了他對這本書的「感知價值」。

被動和主動的價值創造

大部分讀者不會帶著確定的目的或問題去閱讀一本書。許多讀者告訴我，閱讀我的文章時，發現與他們在職場的經驗相符合、觸動他們的同理心，因而獲得了啟發和幫助。有的讀者告訴我，我的這幾本書是很好的工具書，他們會擺在案頭，當碰到問題的時候，再根據先前閱讀過的模糊印象去查找和思考。或是經過一段時間以後，再閱讀相同的文章，又有不同的感觸。

這就符合傅瑞德所說的「有用的內容效益因人而異」，而且因時空而異。但是這種方式，是否真正滿足了讀者的職場需求，或是解決了讀者的職場問題？是否為他們創造了很高的「價值」？這些就令人懷疑了。

我把這種方式得到的價值，稱為「被動式的價值創造」，因為每個人的經驗不同、場景不同、時空不同，得到的啟發和幫助，完全靠個人的領悟能力。對於這一點，在《每個人都可以成功》這本書的自序〈如何讓我的文章真正「為你所用」？〉一文中有詳細的敘述。

那什麼是「主動式的價值創造」呢？就是帶著需求和問題，到我的書中找答案，如果我的書可以很快理解讀者的問題，並且提出很好的建議，那麼帶給讀者的價值就非常高了。

例如以下這個情境：某大企業找了全球三大顧問公司（麥肯錫、波士頓顧問公司、貝恩）之一到公司來做報告，介紹顧問公司所能提供的服務，通常這種到場介紹的服務是免費的，因為這是「被動式價值創造」。如果情境是這個大企業出現了問題，而主動去找顧問公司來幫忙解決的話，那收費肯定非常昂貴，因為這是「主動式價值創造」。

結語

不論載具的形式為何，書本的價格永遠無法和其內容的價值畫上等號。書本的價格充其量也只反映了「成本」而不是內容的「價值」。主要原因，就是書本無法和讀者「互動」，所以只能夠提供「被動式的價值創造」。

從銷量的觀點來看，台灣的暢銷管理書多半還是翻譯歐美大師的著作，至於本土原創的管理書，還是遠遠落後於進口翻譯的，這就是「外來的和尚會念經」。至於價格，不論是翻譯書或本土原創書，如果想將價格訂高一點，就只有靠多一點的字數和頁數了，或許這就是書的宿命。

下一篇文章，我們再深入探討價值和價格。

主編討論

我是「吐納商業評論」網站的主編傅瑞德，承蒙程老師引用我的拙作，並且延伸了許多不足之處，非常感謝。

因為程老師這篇文章也是我編的，所以第一手看到了文中對於（所謂有用內容）「價值高」和「真正需要的人相對不多」兩個觀點的疑問。因此在徵得程老師同意之後，在此延伸討論這兩點。

首先是「有用內容」的定義。在這兩篇文章中，都強調「有用」和「價值」因人、因時而異，很難劃清界線，所以我為了推理方便，指的是比較「一般性」且有明顯對比的內容。例如：

一、「有用」的內容：「如何做一張桌子」、「如何自己維修手機」、「提高工作效率的十個方法」、「開飛機的基本概念」等。

二、「相對沒用」的內容：「某人掛在樹上耍寶的抖音影片」、「打來打去的超級英雄電影」、「可愛小動物吃東西」、「某遊戲如何破關」等。

這兩者沒有對錯、高下之分，而且在市場上必定會永久存在，只是對於知識媒介的型態，以及消費族群和營利方式而言，兩者還是有一定程度的差異。

回到程老師分析出來的關鍵點之中，對於「有用內容」的疑問和我的解釋如下：

一、**效益因人而異**。這當然是的，看得懂、用得上、可以領悟一些想法，甚至正面改變一些行為的，就是相對有用。

二、**價值高**。這也是一個相對定義，我相信前者的「個人價值」會比後者高。當然後者在娛樂、療癒、社交方面的價值還是有的，但如果將「價值」定位在個人的實體、經濟或行為影響力方面，前者應該還是比較高的。（「寓教於樂」或「發人深省」的娛樂內容還是有，只是我們在這裡暫且用二分法來看。）但如果從「產品的市場價值」來看，那就比較不一定，「如何修手機」的市場價值應該很難比《復仇者聯盟》（*The Avengers*）高。

三、**真正需要的人相對不多**。這個「相對不多」指的是與「相對無用內容」比較，後者因為門檻低、容易吸收，而且不必期望回收，也就是適合前文中所說的「被動式價值創造」，而前者則是有問題才會去找的「主動式價值創造」。我們很難想像「提高工作效率的十個方法」會像娛樂內容一樣，能有上千萬的點閱率。

四、競爭和免費，讓提供者不容易賺到錢。上面提到的這些「有用內容」，通常很少是獨家的，即使你搜尋的是「如何在車庫中造飛機」這種超小眾題材，都可以得到滿坑滿谷的答案，而且多半還是免費的。

而諸如Netflix、Disney+、Amazon Prime這類提供獨家（因為授權機制）、「相對無用」內容的平台，則更容易透過收費訂閱賺得滿坑滿谷。至於提供免費內容的YouTube或抖音等，則是靠流量和廣告賺錢，跟內容平台（至少跟原本文章主題的「書」相較）就是完全不同的商業模式了。

市場上的消費性內容（不論有用、無用）跟程老師舉的「顧問公司」例子相較，有一個不同的地方在於企業市場上越專業、越少人需要、經濟價值或產值（相對於市場價值）越高的資訊，像是顧問服務、研究報告或專利技術等，價格或收費就越高。但在消費市場上，如同前面的分析，這一點往往剛好相反。程老師文中的「主、被動式價值創造」其實就非常精準地描述了這種現象的原因：目標顧客追求內容的目的與態度，往往決定了這些內容（以及相關的媒介和載具）的市場價值。

理論上，要稍微逆轉一下這種矛盾的簡單方法有兩個：

一、將「有用內容」包裝成比較好消化的型態，吸引受眾願意吸收，進而願意付費。目前市場上流行的「科普」、「法普」、懶人包，甚至系列網路課程或有聲書*，都是這一類的做法。

二、進一步鑽研、包裝成更專業的型態，並且透過專利、顧問、技術轉移等名號加持，跳過人多口雜、單位貢獻低的消費市場，直接進攻高階客層，例如企業內訓、專利轉移、高階付費網路課程或實體講座等，這些也都是相當常見的變現轉移方式。

三、或是先以第一點的方式推廣、拓展知名度，但目標是打進第二點的市場。

再回到「書」這件事情上來談。在現今的環境中，書在「主、被動價值」、「市場、經濟價值」，以及「消費、專業市場」上，剛好處在非常尷尬的點上。過去媒體型態相對單純，書是書、電視是電視、廣播是廣播，還有報紙雜誌，各有不同的目的和特性。但在電子媒體普及的今天，不同載體之間的界線、任務、功能、目標客群也都變得非常模糊。（而這裡所舉的書、電視、廣播、報紙、雜誌，正是受害最深甚至瀕臨絕種的傳統媒體產業。）

* 編注：程天縱老師部分文章的有聲版，可至 https://bit.ly/9vs1Terry 收聽。

或許前面針對「價值」做的這些分析，也多少解釋了媒體型態和資訊消費趨勢的改變，對於書（或廣義的媒體業）為什麼會有這些影響。而書的尷尬，就只能看時間、環境，以及閱讀習慣的逐漸改變能把它帶到哪裡去了。

我在二〇〇九年寫了一篇〈閱讀的未來〉，談載具和閱讀習慣的改變所帶來的影響，文中的觀點應該多少還是適用，歡迎有興趣的讀者參閱：https://bit.ly/fredjameReading。

29 論價值之二：「感知價值」是決定價格與獲利的關鍵

如果想讓消費者願意以遠高於成本的價格來購買產品，就要重視影響「感知價值」的三個因素，當生產者能為目標客戶創造上述這三種價值時，就有機會採用「價值導向的定價」模式，在滿足顧客之餘，也提高自身的獲利。

前一篇文章談到「紙本書的價格和價值」，結論是紙本書的價格只反映了「載具」的成本和利潤，但並沒有充分反映「內容」的價值。主要原因在於紙本書的內容對讀者而言，只是「被動式價值創造」，因為紙本書沒辦法讓作者和讀者「互動」，所以無法產生「主動式價值創造」。

所謂「被動」和「主動」，是從**讀者**的角度，而不是**作者**的角度來看，有點像俗話說的：「師父帶進門，修行在個人」。作者創造了書的內容，讀者能否有所收穫，就看讀者的造化，對作者來說，因為無法主動為讀者創造價值，所以非常被動，也充滿無力感。為什麼「互動」可以為讀者創造主動式價值？原因是，每個讀者的需求或問題不會完全一樣，只有透過互動，作者才可以得知並滿足讀者的獨特需求，進而解決讀者的獨特問題。

我在上一篇文章提到一個概念：「顧客感知價值」，網路上可以找到許多相關的理論和文章，就不在這裡解釋了。「顧客感知價值」的重點，在於價值是由「顧客透過自己的感覺和知覺」來判斷的，與之相對的概念叫做「顧客價值」（customer value, CV），是由提供產品的企業主觀認定的。

顧客價值

堅持「顧客價值」最好的例子，或許就是福特汽車的創辦人亨利．福特。福特並不是汽車或裝配線的發明者，但他是第一位將裝配線概念實際應用在工廠，並透過大量生產而成就一番事業的企業家。

在他的公司推出了「T型車」後，亨利．福特說：「任何顧客都可以選擇自己喜歡的顏色，只要它仍然是黑色的。」一九二〇年中，因為競爭者採用新型的機械系統，並提供顧客貸款購車，T型車的銷售量開始下降。儘管他的兒子埃德塞爾．福特（Edsel Ford）一再企圖說服他改變，亨利．福特倔強地拒絕跟進，仍然堅守自己認定的「顧客價值」。

直到一九二六年T型車的銷售量驟減，亨利．福特才終於承認他兒子是對的，在一九二七年底推出「福特A型車」，並在一九三〇年由福特家族掌管的環球信用公司（Universal Credit

Corporation）提供顧客汽車貸款。

顧客感知價值

提倡「顧客感知價值」的人認為，產品是否能夠為顧客創造價值，不是由企業來認定，而是顧客說了算。但是從企業的角度來看，當然是希望一種產品賣給無數多的人，才能夠達到規模、降低成本、獲取利潤。那麼生產低價消費產品、瞄準廣大消費市場的企業，又該如何與廣大的消費者互動，如何瞭解顧客的感知價值呢？

於是企業基於統計學原理，透過抽樣對少數人進行測試與問卷調查，或成立焦點小組（focus group），透過面談和採訪來獲知顧客觀點和評價。這也是一種和目標顧客「互動」的模式。廣義地說，消費產品無論高價或低價，顧客大多是因為有需求才購買，因此已經具備了「主動式價值創造」的基礎。但是，目前業界流行的「抽樣互動」模式，大多是針對已經設計好的產品來瞭解抽樣顧客的觀點和評價，所以仍然是一種「被動式的價值創造」。

主動式的價值創造

那究竟要怎麼創造「主動式的價值」呢？我建議從每個消費者「個體」的角度，來探討一下影響感知價值的三個因素：一、**滿足需求**；二、**符合時效**；三、**針對個人**。

聽起來似乎很奇怪，所有的產品和服務，不都是為了滿足消費者的需求而建立的嗎？然而，生產者常常自以為是，認為透過前述的「抽樣調查」就足以瞭解消費者的需求。殊不知，生產者往往因為選錯了目標市場，致使無法找到消費者的真實需求，產品也因而無法為消費者創造價值。

我在〈你的偉大創意，究竟有沒有目標市場？：談談創業的那些事#7〉這篇文章裡*，提到有幾家新創公司以「智慧運動鞋」為產品，最後卻失敗的例子。就是因為他們選錯目標市場，找不到真正的需求，產品無法創造價值。有興趣的讀者，歡迎仔細閱讀這篇文章，我在這裡為大家總結一下這篇文章的重點。

一、**滿足需求**。大部分消費產品的生產者，都希望產品能夠銷售給所有消費者，因此他們選擇了「大眾市場」作為目標市場。但事實上，理想的「大眾市場」並不存在，因為構成「市場」的「人」不是一個模子印出來的，他們會因為各種變數，而產生不同的需求。如果硬要把這些不同的「小眾」湊在一起，試圖找到共同的需求，那這種共同需求就會變得很小，而滿足小需求的產品，所能創造的價值就很有限。我經常鼓勵新創公司，要從企業市場（B2B）著手，不要從消費市場（B2C）開始，就是因為企業的需求很容易掌握，而每個消費者心中都有一把尺，每一把尺的刻度都不一樣，需求很難掌握。當生產者的產品沒有辦法滿足需求的時候，消費者的感知價值當然就很低了。

二、符合時效。我經常跟讀者說，每個人最大的敵人就是「自己」和「時間」，人生當中最稀少的資源就是時間，可是生產者往往忽略了這最基本的「需求」。縱使有些生產者注意到這點，也只是把「省時」作為其產品的一個「功能」，而忽略了「時效」才是真正的重點。

「窩窩頭」是由玉米粉或雜糧麵粉製成的一種饅頭，外觀呈現空心錐形狀，以前是中國北方窮人吃的便宜食物，但為什麼慈禧太后會覺得窩窩頭好吃？八國聯軍攻入北京城時，迫使慈禧太后和光緒帝逃往西安，逃亡途中，眾人餓得七葷八素的，於是太監去向農家要了些窩窩頭給慈禧太后吃。肚子餓的時候，什麼都好吃。等到吃飽以後，再美味的食物擺在面前，也沒有食欲了。所以說，隨著時空不同，人的需求會改變，這就是「時效性」。

三、針對個人。「今天」的生產者和消費者之間，有個最基本的矛盾：生產者希望同一種產品

---

* 編注：可參閱http://bit.ly/418y2pg。

賣給越多消費者越好，這樣才會賺錢，但消費者卻不管別人的需求，只期望產品能夠符合自己的需求。換句話說，生產者希望賣「通用產品」給所有的目標客戶，但消費者期待生產者提供的是「客製產品」，只要能夠滿足自己的需求就好。

我為什麼強調「今天」？因為今天的生產者，還沒有辦法做到「彈性製造系統」（flexible manufacturing system, FMS）或所謂的「工業四・○」，也就是在量產的生產線上製造客製化的產品，既享有量產的低成本，又能夠滿足客製化的需求。但隨著科技進步，未來的工廠生產線一定可以達到這個要求。什麼時候？這就很難預測了。在這一天到來之前，生產者和消費者的矛盾就會一直存在。

再舉一個例子。面對不同需求的消費者，產品創造的價值就會有很大的差異。例如，你送一瓶法國波爾多（Bordeaux）的名貴紅酒給一個不喝酒的人，那對這個不喝酒的人來說，你送的紅酒毫無價值，他只能轉送給別人。

又例如，林百里是亞洲最重要的藝術收藏家之一，他特別喜愛中國書畫，尤其偏愛張大千的作品。據說林百里第一次看到張大千的《幽谷圖》時，感動得渾身顫抖，因此在市場上僅有的幾幅張大千國畫，都被林百里以億元的價格重金收藏。如果你將張大千的國畫送給剛搬入新居的朋友，而這個朋友又特別喜歡歐洲藝術品，新居的裝潢都是法國宮廷式風格，那麼你送的這幅張大千國畫反而會讓他頭痛，不知掛到哪裡才好。在這位朋友的面前，名貴的國畫反而沒有價值了。

三種定價策略

接著談到產品的定價方式，大致可以分為三大類（免費的除外），分別與產品的成本、價值和競爭對手有關係。

一、**成本導向的定價**（cost-based pricing）。這種定價模式是以「銷貨成本」（cost of goods sold）為基礎，加上固定的目標毛利率，以達到目標「營業利益率」（operating margin或operating profit margin）。通常是用在產品生命週期在成熟期的產品，或缺乏差異化的商品（commodity）和消費產品等，也大多是以規模和效率作為競爭手段的產品。良好的品牌「知名度」（awareness）或「優選度」（preference，或稱偏好度），確實可以增加顧客感知價值，所以生產者會花大錢投入在這類產品的廣告上。

二、**價值導向的定價**（value-based pricing）。採用這種模式訂定的價格，通常與產品的銷貨成本無關，而與購買者的興趣、價值觀，或投資報酬率有關。藝術品就屬此類，以畫作來說，張大千書畫的銷貨成本也就是宣紙、筆墨硯、染料、完成作品的時間等，只是售價的一個零頭而已。藝術品的價格雖說也有行情，但這個市場價都是由愛好者和收藏者心中一把無形的尺來決定的。

「投資報酬率」則通常是工業產品會考量的。最好的例子是我在惠普服務時，有個針對中小企業物料管理的系統解決方案，包含迷你電腦、終端和物料需求規劃（material requirement planning, MRP）應用軟體等。而這個系統的價格，就是以中小企業使用之後，推算出節省的物料、人力、效率等成本，以「兩年回本」來決定系統的售價。

三、**競爭導向的定價**（competition-based pricing）。這種模式經常用於幾種特殊的市場環境。首先是，當產品處於眾多競爭者的紅海，或少數幾個大品牌展開價格戰時，產品生產者要麼就跟進價格，不然就退出市場。第二種情況是，產品已經有個行情價，而市場穩定，生產者不願意打破這個局面，消費者也都接受這個行情價。第三則通常發生在需要特定執照、經營許可、少數品牌壟斷的市場。或是產品進入生命週期的長衰退階段，生產者不想再投資也不想再降價。

結語

對消費者來說，沒有價值的產品自然不值得付高價去購買，如果想讓消費者「溢價購買」，也就是以遠高於成本的價格來購買，就要重視影響其感知價值的三個因素：一、滿足需求；二、符合時效；三、針對個人。

當生產者的產品能夠為目標客戶創造上述這三種感知價值時，就有機會採用「價值導向的定價」模式，同時達到高「顧客滿意度」和高「營業利益率」。

CHAPTER

應對危機的方法
——從疫情升級的各項措施來談

30 短中長期的規劃，缺一不可

疫情的解決必須依照重要性，而有短中長期的規劃；這三個階段的規劃缺一不可，否則將會事倍功半。台灣現在不缺提出問題的人，需要的是提出解決方法的人。

林宏文先生在〈一文讀懂國產疫苗的四大疑問〉這篇文章中寫到：「台灣先打國際第一代疫苗，讓台灣趕快脫離染疫及死亡威脅，至於國產疫苗則按照程序來，一步步完成該有的審查程序，未來可以積極爭取與其他國家的臨床實驗，搶攻國際大廠照顧不到的市場。」*

我和林宏文很熟，也支持他的這個說法。此外，我的看法是解決疫情必須依照重要性，而有短中長期的規劃：

一、短期要先求「可控可管」，三級警戒壓不下來的話，就必須進入四級，實施封城。一定要

* 編注：可參閱 http://bit.ly/41o5VTf，刊登於二〇二一年六月一日。

把疫情的勢頭壓下來，並且養成民眾的正確健康習慣。

二、中期以施打疫苗為主，讓接種率超過人口的五〇％以上，達到群體免疫的效果。加上可控可管，則可以解封，恢復正常生活。

三、長期要做三件事：第一，在疫苗方面，由於病毒不斷變異，會有三代、四代、N代疫苗出現，要長期維持群體免疫，必須定期接種新一代疫苗。第二，新疫苗的取得和施打速度，也會成為國安問題，如同台灣的國防工業一樣，必須不斷自主研發、製造。第三，經濟成長不可或缺，國門也要開放，外國人要能夠進來，台灣人要能夠出去。到時候一定會出現疫苗護照，而且護照上的疫苗必須不斷更新。

要達到醫療、國安、經濟兼顧的長期目標，台灣一定要有自主研發疫苗的能力，才跟得上病毒變異的速度，而且要做三期試驗，依照國際標準，取得國際的認可，成為疫苗護照上認可的疫苗。

而短中長期的三個規劃，缺一不可，否則事倍功半。如果只做到「可控可管」的短期規劃，而沒有中期的疫苗接種和群體免疫，則新的疫情會持續爆發。如果只做到短中期目標，沒有長期規劃的話，則台灣即使安全了，也會成為孤島，無法與世界連結，經濟必然會崩盤。這個情況，也不允許持續發生。

如果大家認同這個短中期的策略規劃，那麼政府和專家們應該集中精力、資源，討論執行方案和攻略的方法，而不是批評。台灣現在不缺提出問題的人，需要的是提出解決方法的人。

以上是我的簡單想法，至於短中長期規劃的細節，就靠政府和專家去討論實施了。我們作為民眾，只能支持、配合政府的政策，管好自己。

31 電子業的採購經驗與供應鏈管理

在疫苗採購這件事情上，如果政府可以跟產業界交流，就可以瞭解問題的本質和彼此的長處與優勢，產生一加一大於二的結果。除了簽合約之外，我們還做了哪些事呢？如果沒有採取各種保險措施，那就只是把生命托付在命運之神的手裡了。

政府可以跟企業合作嗎？

我的臉書朋友和讀者們都知道，我相信「跨業才能創新」，所以曾經多次大力推薦《梅迪奇效應》（*The Medici Effect*）一書。

每個產業都有自己的「明文規定」（written rules）和「不成文規定」（unwritten rules），散布在研發設計、生產製造、市場行銷、通路和維修等領域。說好聽一點，這些可以叫做「業內知識」

（domain knowledge），講得直接一點就是「舒適圈」。在一個產業待久了，就會習慣被這些規則所限制，很少人可以跳出這些框架，甚至挑戰其合理性，會抬起頭來看看其他產業的做法的人，就更少了。「隔行如隔山」往往成為跨界交流的最大障礙。

自從這波疫情爆發後*，政府提升防疫等級到第三級。由於我的年齡層正好落在確診者的重症率、死亡率最高的族群中，而我輩的疫苗施打優先順序又是倒數第三，因此從五月中旬起就自力救濟，自我隔離在家，沒事絕不外出，做個好公民。

每天下午兩點，我會準時收看陳時中部長主持的「中央流行疫情指揮中心新聞發表會」†，以瞭解確診、重症、死亡人數。由國外的經驗來看，只有在疫苗接種比率超過人口半數以上、形成群體免疫，才能恢復正常的生活。因此，每個電視台的新聞播報和談話節目，幾乎都在討論疫苗的採購、到貨、施打速度，讓我們忽然發現，台灣有許多相關領域「專家」，有電視名嘴、醫療人員、政治人物、政府官員等。而且每位專家都可以從醫療、生技、學理、國防、外交、政治等領域的角度，不僅講得頭頭是道，甚至還可以爆出許多不知是真還是假的料。

* 編注：指二〇二一年五月起，新冠疫情本土案例數快速增加。
† 編注：中央流行疫情指揮中心於二〇二〇年一月二十日開設，並於二〇二三年五月一日解編。

電子業的採購經驗

在中央和地方政府的新聞發表會中，各大媒體記者的提問多半是一些個案或雞毛蒜皮的小事，讓我們這些電子製造業出身的人看得很著急。

在立法院質詢時，針對疫苗採購議題，立法委員連問題都不知道怎麼問，而蘇院長回答時舉的例子「採購冷凍雞腿，廠商不交貨」更是匪夷所思，既沒有回答問題，也沒有提出補救辦法。廟堂之上的民意代表和官員們談的都是國家大事，可以理解，碰到疫苗採購這種小事，就缺乏專業和經驗，實在說不出一些道理來。畢竟，經驗是沒有捷徑的。

而從台灣的電子產業來看，疫苗採購比起電子業的採購，真的只是小菜一碟。

就拿手機代工製造當作例子，也暫且把軟體作業系統、各種應用軟體放在一邊。在一款手機裡，至少會有一千五百到二千個電子零件，還有用各種模具製造的機械結構件和外觀件。電子產品代工製造業的核心能力和關鍵成功因素（key success factors, KSF）很簡單，就是讓同樣數量、同樣品質的各種零件，在同一時間到達同一地點，才能組裝生產成最終產品。只要缺一個零件，甚至缺一顆螺絲釘，產品就沒有辦法出貨。這就是供應鏈管理（supply chain management, SCM）！

供應鏈管理

合約談判、交易條件談判、追貨、供應商關係、駐廠管控、品質監控、出貨、物流等，都是電子產業供應鏈部門的日常，碰到某些關鍵零組件全球缺貨的時候，更要馬不停蹄地到處飛，去供應商工廠追貨，務必確保能夠準時送達。從專業角度來看，供應鏈分為四大功能部門：一、物料控制（material control）；二、採購（procurement）；三、倉庫（warehouse）；四、物流（logistics）。

簡單地說，物料控制（物控）是依據物料計畫對物料的申購、收貨、發料，以及使用的監督與管理過程。採購就是供應商選擇、合約談判、價格談判、交易條件談判、交貨期、催貨、駐廠監控等。至於倉庫及物流，這邊就不深入解釋了。

電子業不但必須是供應鏈管理的專家，也必須使用電腦系統來管理。台灣的電子企業不僅要管理直接供應商，對於關鍵零組件供應商，更要管理到「供應商的供應商」。

供應鏈管理者也要做好風險管理，雞蛋不能全都放在一個籃子裡，因此，重要的零組件不能只靠單一供應商，必須要有第二供應商，甚至第三供應商。即使迫於形勢必須使用單一供應商，也會要求分散在不同地區的工廠生產製造，以避免天災、人禍或政治造成的風險。

就以蘋果公司為例，這家以供應 iPhone、iPad、iMac 等產品聞名天下的品牌商，並沒有自己的生產工廠，主要都是外包給台灣的電子代工業來生產製造。但是，他們派出了多達數百人長駐在產品代工廠裡，不僅監控供應鏈管理，也監督生產線上的細節。

從賣方的觀點來看，我在職業生涯裡常常跟業務部門說，不要以為拿到訂單就沒問題了，還要確保我們的出貨，甚至即使出貨也不是結束，還要跟催到收款為止。從買方的觀點來看，也是一樣的道理，不要以為簽了合約，供應商就會準時出貨給你。也就是說，電子產業的買方和賣方，都在供應鏈上做了很多額外的管理，以期將風險降到最低，所以，他們可以說都是供應鏈管理和電腦化的專家。如果自己不去掌控，就是把自己的未來交付到命運之神的手裡，萬一出了事，就不能怪自己命不好。

在疫苗採購這件事上，我們除了簽合約之外，還做了哪些事呢？如果都沒有採取各種保證和保險的措施，那就只是把台灣人的生命，托付在命運之神的手裡了。

結語

我同意隔行如隔山。我的第二人生都在電子產業打拚，從半導體、IT、最終產品、代工製造都參與過，但對於政治和政府機構的管理，我就完全是外行了。或許對政府來說，我這篇文章裡面提的是「瞎子摸象」，只看到和摸到表面，不瞭解深入底層的問題，或許政府部門看到我這篇文章會覺得很可笑，就如同我看到在立法院裡面質詢時的問答，也覺得很可笑一樣。

但是，如果政府可以跟產業界交流的話，就可以瞭解問題的本質和彼此的長處與優勢，一定可以產生一加一大於二的結果。重要的是，政府和產業界必須要是平等、公開的，在檯面上交流，雙方都願意傾聽和尊重對方，否則就如同在《創客創業導師程天縱的專業力》書中〈會議桌上的兩個字，道盡官商溝通的竅門〉一文所說的，為了「官」的面子，官商溝通只能在檯面下談。

如果是這樣，那麼政府和產業界就永遠不會溝通，損失的就是台灣的未來，和民眾的寶貴生命。

32 跨界才能創新：跨部門合作的總體戰

這場戰役是跨部會的總體戰，而不只是「疫病管控」，所以防疫指揮中心應該打破限制，讓多方人士貢獻專業、共同討論和制訂策略，不能像現在一樣，只以來賓身分應邀出席或回答記者提問。防疫也是一樣：跨界才能創新，專業和經驗是沒有捷徑的。

台灣在疫情爆發之後，所有爭議的源頭，就是沒有足夠的疫苗。我在前一篇文章提到，雖然政府下了疫苗訂單，但對於「供應鏈管理」沒有足夠的經驗，因此在簽約後就沒有任何確保交貨的行動。但是，前兩天看到這則新聞*，讓我非常震驚：

衛福部長陳時中今天在立法院表示，AZ疫苗原廠曾找過台灣代工生產疫苗，但因為對方希望台灣至少代工三億劑，和我方希望的一億劑有落差，所以最後沒談成。

立法院聯席委員會今天審查攸關二千六百億元的紓困四．〇預算。民眾黨立委邱臣遠質詢時表示，民進黨前立委郭正亮日前曾指稱，去年八月時，ＡＺ就曾來找台灣代工，雙方談說要由台灣代工一億劑，結果被台灣拒絕。

陳時中回應，雙方確實有談過授權製造，也努力了一陣子，但雙方沒有談成。針對破局原因，陳時中解釋，不是台灣不願意，而是一方面「有人不太喜歡這樣子」；另一方面，對方要求的數量，對台灣而言是有困難，會把整個生產線都占滿，尤其台灣又沒這麼大的消耗量。

陳時中部長對這個疫苗代工製造的破局，並沒有提供足夠的訊息給媒體。或許背後有許多不可說明的困難，但大家可能沒有理解到，這個疫苗代工製造的機會，對台灣有多麼重要。我並非要追究責任，但不妨以這個案例，就新聞報導的有限訊息，來說明「代工製造專業」和「跨界合作」的重要性。

第二個「護國神山群」

許多專家都把台積電、台灣的半導體晶圓代工，以及ＩＣ封測產業，定位為台灣的「護國神

＊編注：可參閱二〇二一年六月十日《聯合報》報導〈陳時中證實ＡＺ曾找台灣代工2原因破局〉，https://bit.ly/3A1RU18。

山群」，因為，如果台灣的半導體產業斷鏈，將會重創全球經濟。

如今疫情在全球造成的災難，新聞都有報導，疫苗會是新冠病毒的最終解方。但是病毒的變異速度，遠比疫苗的開發和生產來得快，台灣勢必要有自己開發、自己生產的疫苗，才能打贏這場戰爭，確保台灣人民的生命安全。如果台灣能夠更進一步，成為其他國家不同品牌、不同技術疫苗的代工生產重鎮，則不但能夠引進、熟悉其他種疫苗技術，結合台灣醫療專業和資源、建立大數據分析的能力，更能將「疫苗生產」建立為台灣的第二個「護國神山群」。

我們不但要接受疫苗的代工製造，而且要儘量擴大產能、建立規模，接受更多的訂單，因為扼守住疫苗的生產，就是占據了「國防」的制高點。畢竟，對於失去生命的人，經濟有什麼用？試想，如果去（二〇二〇）年八月，台灣同意為ＡＺ代工生產疫苗，我們就有談判籌碼，今天就不會面臨下了訂單、簽了合約、交貨延遲，導致重症和死亡率上升的窘境，而束手無策。

台灣的代工製造

台灣是全球代工製造的大國。不僅僅是電子業，許多傳統產業也都是為國外品牌代工製造，進而產生許多創新的生意模式，例如合約代工（contract manufacturer, CM）、原廠設備製造（original equipment manufacturer, OEM）、原廠設計製造（original design manufacturer, ODM）、聯合設計製造（joint design manufacturer, JDM）、白牌（white box）、聯合品牌（co-branding）最後做到自有品牌（original brand manufacturer, OBM）等等。

台灣過去的經濟奇蹟，造就了亞洲四小龍之一的地位，究其原因，離不開台灣「代工製造」的歷史和專業。靠著代工製造、生產管理、成本控制、中國大陸的人口紅利，台灣打敗了全球的競爭對手，成為ＩＴ和傳統產業各種硬體產品的製造大國。

每一家代工廠商，都希望能夠爭取更多的訂單，形成規模化生產，才能夠增加效率和競爭力。有許多電子代工製造廠商，甚至在沒有工廠和產能的情況下，都還有辦法拿到訂單。但從來沒有聽說過，代工廠商因為客戶的訂單太大、擔心占據了生產線的產能，因而拒絕接單的例子。有這種顧慮的人，肯定是沒有做過生意，也沒有在工廠幹過的。

台灣只有二千三百萬人，如果以每人兩劑來計算，最多也只需要五千萬劑疫苗，如果ＡＺ要求台灣代工生產三億劑疫苗，要在台灣消耗掉的話，那麼ＡＺ肯定是瘋了。台灣的代工製造業，生產的產品都是為全球市場的需求，不可能只是為台灣本地市場。這個是代工製造業的常識。另外，任何代工製造都是需要收費的，沒有免費服務的道理。接下疫苗代工生產的訂單，肯定也會為代工廠商創造營收、增加獲利，也為台灣創造就業機會，何樂而不為呢？

跨部會合作

這些代工製造的專業知識和經驗，早已普遍存在於企業界，即使不知道如何與企業界合作，經濟部、工研院、工商協會也都非常清楚。

此次疫情嚴重，衛福部和中央流行疫情指揮中心，也透過數位政委唐鳳，運用網路技術、大數據和人工智慧來與病毒作戰，並且取得很好的成果，成為其他國家學習的榜樣。如果中央各部會能夠主動積極參與這場史無前例的抗疫大作戰，採用台灣產業的優勢與經驗，那麼許多決策都應該重新思考。

今天的實體戰爭已經發展到結合海陸空、太空、網路的多維作戰模式，面對變異速度奇快的病毒，我們的「中央流行疫情指揮中心」仍然只由一些醫療專業的官員組成，我們的勝算有多大呢？

結語

我並無批評政府政策的意思，但是當疫情升級到全國性的三級警戒時，理應由行政院蘇院長來擔任指揮官，因為這場戰役應該是跨部會的總體戰，而不是簡單的一場「疫病管控」。關鍵不在於是否要由蘇院長親自來擔任總指揮，而是應該打破部會限制，以來自多方的人士參與指揮中心的組織，擔任固定成員、貢獻專業、共同討論和制訂策略，不能像現在一樣，以來賓的身分偶爾應邀出席，目的只是回答記者的提問。

在網路上，有人把每天下午兩點的「中央流行疫情指揮中心」新聞發表會稱為「連續劇」，其實情況比連續劇還糟糕，因為連續劇每天的劇情還會有變化，現在的新聞發表會已經成為例行公事，報告格式都相同，只有數字不一樣。我看到陳時中部長和幾位官員疲憊的模樣，非常心痛，他們已經盡力而為，但是超出醫療專業的，實在不是他們能夠理解和決定的。

最後我還是要強調，跨界才能創新，專業和經驗是沒有捷徑的。

33 中央與地方的分工

中央與地方從策略到執行，從指導方針、執行細則，一直到個案，應該各有執掌、分工合作，避免疊床架屋，增加衝突與矛盾。如果分工沒有做好，那麼有限的資源和能量，就會浪費在沒有意義的內耗、內鬥上。

去（二〇二〇）年初全球疫情伊始時，政府確實管控得宜，拒病毒於國境之外，因此贏得「防疫模範生」的讚譽。當時看到世界各國疫情蔓延的報導，我也因為台灣人民日常生活未受影響而引以為傲。誰知道，雖然病毒不似細菌，沒有生命，卻彷彿比人類更聰明，隨著疫情擴散至不同國家而出現各種變異，使得各國防不勝防。台灣這波疫情的爆發，其實也很難避免，只要不完全封閉國境，病毒還是會自己找到各種破口，進入台灣也只是時間問題而已。

情況演變至今，這場戰「疫」儼然已經是一場持久戰。很多專家預言，新冠病毒將會長時間存在，改變人類的生活模式。

社會各界追究這次疫情爆發的責任，意義並不大，徒然成為藍綠互相攻擊的題目，而忘記了共同敵人應該是病毒。我們相信，政府也不願意看到疫情失控、人民寶貴的生命喪失。由陳時中部長領導的「中央流行疫情指揮中心」團隊，已經盡到他們「能力」的最大努力，各界實在不必再窮追猛打。

但是，既然新冠病毒不會像「嚴重急性呼吸道症候群」（SARS）一樣來得快、去得也快，會長期伴隨著我們，我們就不得不檢討過去的戰略與戰術，從失敗經驗中學到教訓，從而改變我們的策略與行動。

從方針到細則

我的職業生涯一直是在電子科技業。過去台灣經濟成長的部分原因，在於搭上了全球電子科技的浪潮，因此累積了許多寶貴的管理經驗與技術模式。加上我是個「終身學習」與「跨界創新」的信仰者，因此寫了這幾篇文章，從短中長期策略、供應鏈管理到代工生產，將想法分享給讀者們。如果有幸讓政府官員看到，希望能給他們一些不同角度的看法作為參考。

前一篇文章的重點，在於「中央流行疫情指揮中心」應該是跨部會橫向整合的組織，而這篇文章的重點，則在於中央與地方組織架構縱向的分工合作。中央與地方從策略到執行、從「指導方針」（guideline）、「執行細則」（SOP），一直到個案，應該各有執掌、分工合作，避免疊床架屋，增加衝突與矛盾。

「中央流行疫情指揮中心」是台灣抗疫的最高權力機構，應該專注在短中長期的策略與相關的行動計畫，只有在取得策略成果或有重大政策發表時，才舉行記者會。指揮中心不必每天舉辦記者會，只要透過新聞稿，發表由地方政府和醫療衛生體系呈報上來、經過匯整的數字即可。更不必在記者會中回答記者各種提問，然後知無不言、言無不盡。更糟糕的是，對於指揮中心不可能知道的細則或個案，還要承諾在未來的會議裡面討論。

這種每天舉行的記者會，雖然會給人親民、透明溝通的印象，但是會增加和地方政府記者會的矛盾與衝突，而且造成彷彿是媒體分派任務給指揮中心，宛如媒體治國的怪現象。

模糊與彈性

如同企業的運作，一年一度的股東大會有固定的議題，至少每季一次的董事會也有其議題。企業經營層則負責日常的、更頻繁的經營管理會議，各有所司、各負其責。

《創客創業導師程天縱的經營學》書中〈權力的空間：真假與是非之間的模糊〉這篇文章裡面，我介紹了「模糊」（ambiguity）的概念，重點是，企業裡職位越高的人，在對人的評價和判斷方面，用字遣詞要越模糊越好。同樣的概念也應該用在組織架構上，在金字塔組織越高層的決策，影響範圍會更加寬廣。因此，決策的內容最好以指導方針的方式下達，不要糾結在個案和細節裡。

這種模糊的指導方針的最大好處，就是「彈性」。大型或跨國企業的組織都非常複雜，每個產品線、功能別、地區別所面臨的競爭環境與市場通路都有差異。所以總部下達的決策和命令，應該容許下屬單位有各自「客製化」的空間。

英文字guideline原本的意思，就是上層提供大原則，作為下層執行細節的參考，但有許多高階主管認為，這樣就無法彰顯「中央指揮地方」的權力。所以凡事都要「細節管理」（micromanagement），也就是對所有細節都要插手，但這樣一來，反而容易造成混亂與衝突。

分層而治

這種強調中央權力的做法，也與我一貫的思維並不一致。我認為，「最適合解決問題的人，應該是最靠近問題的人」，講白一點，就是我反對「官大，學問大」的說法和做法。政府機構也不例外。中央和地方之間，應該有容許彈性的空間，上層下達指導方針，下層負責制訂執行細則。

我經常以「台灣是華人民主政治的典範」為榮。許多民主國家都是以聯邦的形式建立，美國、印度、加拿大等都是很好的例子，而民主政體的形式，則表現在中央和地方的分權、分治上面。雖然以人口、土地來衡量，台灣不是一個很大的國家，而且在體制和法律上仍然有很多可改進的空間，但在這場抗疫的戰爭中，沒有容許失敗的空間。大家都知道，我們戰勝病毒的關鍵在於內部的「團結」。如果中央和地方的分工沒有做好，那麼我們有限的資源和能量，就會浪費在沒有意義的內耗、內鬥上。

結語

老子在《道德經》六十章中說：「治大國若烹小鮮」，意思是：**治理大國不可輕易擾民，要像煎魚一般，煎到夠熟了才能翻面再煎，否則很容易煎到魚肉破碎而不成魚形。但也不能完全不翻動，否則魚就燒焦了。**我認為應該修正為：治國者在越高層應該越模糊，不要太細節管理，否則就會變成中央獨裁的體制。在這一點上，有老子「無為而治」的影子。

但是二千五百年後的時空環境完全不一樣了。科技進步的速度，或是病毒變異的速度，都與老子所處的時代全不相同，而現代國家的治理，也絕對不會像煎魚一樣簡單。如果國家是個大社會的話，那麼企業就是一個小社會，即使是今天的企業經營，也遠比老子當年的治國要複雜千百倍。

我不敢托大地說「禮失求諸野」，但是「聞道有先後，術業有專攻」，台灣的企業界在全球單打獨鬥中，也取得不容小覷的成果。如果可以跨國合作，對於外交處境困難的政府，或許也是一股強大的力量。「千里之行，始於足下」，我認為目前「足下」的第一步，就應該從中央和地方在疫情指揮系統的分工合作開始。

34 世界上有沒有「缺貨」的問題？

鴻海創辦人郭台銘宣布拿出上百億台幣，購買疫苗捐贈給台灣。本文分享我過去的親身經驗，談郭先生如何解決價格問題與缺貨問題，以及對其決策高度、廣度，以及長遠策略眼光的信心。

鴻海創辦人郭台銘先生宣布願意拿出上百億台幣，購買五百萬劑疫苗捐贈給台灣*，不過郭先生極為低調，對外發言都由永齡基金會執行長劉宥彤小姐出面。

對於這個話題，媒體朋友們當然也非常感興趣，而且郭先生越是沉默低調，媒體就越想瞭解這件事情的進展，當他們從郭先生那邊得不到相關訊息，就會問包括陳時中部長、蘇貞昌院長在內的政府官員。於是媒體報導了一則新聞，標題是：「郭台銘採購疫苗破局？蘇貞昌曝3條件：疫苗跟口袋裡的錢不一樣」†，內容如下：

國內疫情嚴峻，疫苗短缺仍是國人高度關注議題，對於鴻海創辦人郭台銘擬購買BNT疫苗，行政院長蘇貞昌今（九日）表示，疫苗跟口袋裡的錢不一樣，並透露疫苗能不能進來，有三大要求。近來不少機構團體有意捐贈疫苗，鴻海及永齡基金會共同規劃採購五百萬劑BNT疫苗；國際佛光會也表態欲捐贈政府最多五十萬劑嬌生疫苗。

媒體追問蘇貞昌，昨天（八日）提到「鴻海創辦人郭台銘手上沒有疫苗現貨，是否代表疫苗採購破局」。對此，蘇貞昌在今天（九日）赴立院備詢前受訪時表示：「我們對郭董事長熱心積極非常佩服，但是疫苗和口袋裡的錢不一樣，疫苗能不能進來，第一、要看疫苗生產原廠有沒有貨；第二、他要不要賣；第三、他願不願意賣給郭董。」蘇貞昌也說：「必須要確認這些情況，疫苗進來，政府都會問原廠，同時也會就相關手續進行確認，包括對郭董事長或任何人，他願意有這個心，我們都會幫忙並且查清楚，也都歡迎大家一起來努力。」

---

* 編注：可參閱二〇二一年六月十二日華視新聞報導〈郭台銘捐BNT疫苗　陳時中：已同意有條件專案進口〉，https://bit.ly/3KGltKI。

† 編注：可參閱二〇二一年六月九日鏡傳媒的報導，https://bit.ly/3KJq0vP。

世界上有沒有「缺貨」的問題？

蘇院長的這段話，讓我想起了自己二〇〇七年剛加入鴻海時的故事。在一次內部會議中，談到某事業群因為關鍵零組件缺貨，導致當季營收下滑。郭先生照例點名參加者回答問題。後來才知道，這些問題都是他經常在會議中強調的重點，有人後來整理成冊，就是眾所皆知的「郭語錄」。

當時他問道：「**這世界上有沒有缺貨的問題？**」連續點了兩位，連問題都搞不清楚，當然也沒有辦法回答。

其實郭先生在會議中問的問題，常常是突如其來的，如果沒有參加過他的會議，或沒有聽過「郭語錄」的重點，經常會在被點名後愣在當場，彷彿罰站一樣。例如有一次，他突然問：「一是什麼？」老鴻海的幹部就會回答：「一是抄！」這個問答出現時，通常是在鴻海要做某件事，但不具備相關技術和經驗的情況。在完整的郭語錄中，答案應該是：「一是抄，二是研究，三是創新，四是發明。」並且最好還要搭配郭先生經常講的「女人新髮型」故事，如果對這個故事有興趣，可以上網搜尋「郭語錄」瞭解細節。

回到「這世界上有沒有缺貨的問題」的問答現場。第三位被點名的，是個老鴻海人，他立刻站起來回答：「報告總裁，這世界上沒有『缺貨』的問題，只有『價格』的問題。」這就是標準答案。於是郭先生開心地叫所有人都坐下，然後開始解釋。對老鴻海人來說，這是個老生常談的題目，但為什麼是價格的問題？

我的親身經歷

關於郭先生的解釋，我就不詳細敘述了。因為我在德州儀器擔任亞洲區總裁的時候，跟郭先生就這個「缺貨」問題親自交手過，所以我的感觸特別深。故事發生在我加入德州儀器沒幾年，大約是一九九〇年代末期的時候。

半導體公司的產能規劃和晶圓廠的建設，都需要大筆資金，再加上好幾年的時間，而且因為科技進步非常快，半導體ＩＣ的供需很難達到平衡，所以經常會出現某種ＩＣ在市場上缺貨的情況。

當缺貨嚴重時，德州儀器都會把ＩＣ數量的分配（allocation）權力，從產品事業部手上收回，讓美國德州達拉斯總部的執行長親自分配，不管再怎麼大、再怎麼重要、再怎麼高層的客戶，即使親自出馬來說情也都沒用。當時德州儀器有某一款ＩＣ正面臨全球嚴重缺貨的情況，所以分配權力也就當然回到了總部的執行長手上。

有一天早上，我接到郭先生親自打來的電話，希望我能夠幫忙收集這個缺貨的ＩＣ。我跟他解釋：再怎麼大的客戶出面都沒有用，更何況當時鴻海還不算是一家大公司，所以我實在幫不上忙。

但是，郭先生在電話裡面解釋道，他不是要下訂單或催貨，只是需要一些小數量來應急。他甚至還為我提供了方法：德州儀器在亞洲（我的主管範圍）有許多大大小小一級、二級、三級的經銷商、代理商、現貨商，在他們的倉庫和通路上，一定會有一些零星的數量，原本就交不了完整的訂單，也起不了多大的作用。所以，他希望我透過手下的亞洲業務團隊把話放出去，他願意以兩倍價格、不計數量多寡的條件來掃貨，只要找得到，再少的數量他都要。這麼一來，就不必經過美國總部來分配了，因為這不算是新訂單，只是找已經下到通路和倉庫裡的零星庫存。

況且，郭先生還願意用兩倍價格為我的經銷商清庫存，這些庫存有點像零碼的衣服、鞋子，原本還不太好處理。現在郭先生要掃貨，看來是大家都高興的事，我就答應幫他這個忙，但是無法保證數量。幾天之內，居然掃到了幾萬顆ＩＣ，於是銀貨兩訖，各地經銷商紛紛把貨交到了鴻海。我算個人幫了郭先生這個忙，過陣子就把這事情給忘了。

沒想到事隔兩個星期之後，我接到總部執行長也就是我直屬老闆的電話，為了幫鴻海找這款缺貨ＩＣ的事情，將我訓斥了一頓。

背後的故事

原來故事是這樣的：當時鴻海處心積慮想爭取蘋果桌上型電腦的代工訂單，因此在當時負責供應鏈的提姆．庫克（Tim Cook，編按：蘋果現任執行長）身上，下了很多功夫。

當時蘋果電腦的代工組裝，是由偉創力（Flextronics）在新加坡的工廠負責，雙方多年的配合都很好，所以鴻海想要取代偉創力，總是缺乏臨門一腳。而德州儀器的這款ＩＣ缺貨，為鴻海創造了一個很好的機會，因為不管是偉創力的執行長或蘋果的庫克親自出面，去跟德州儀器的執行長談都沒有用。

於是庫克給郭先生打了一通電話：「你經常說，你跟德州儀器的亞洲區總裁關係非常好，那麼你證明給我看，能不能幫蘋果拿到這顆ＩＣ，否則我們的電腦出不了貨。」於是，就發生了我幫郭先生掃貨的這段故事。

德州儀器總部的執行長當然很不高興，因為他告訴偉創力和蘋果，沒有多餘的貨可以給他們。結果，我居然在他完全不知情的情況下，找到幾萬顆ＩＣ，並且以兩倍價格出貨給鴻海，然後鴻海再以賠錢的原價，賣給最大的競爭對手偉創力，解決了蘋果的問題。這件事情，為往後鴻海贏得許多蘋果訂單埋下了伏筆。

是缺貨？是價格？還是策略？

雖然我被老闆訓斥了一頓，但還是不得不由衷佩服郭先生。他是個偉大的創業者，他的決策具有高度和廣度，也有長遠的策略眼光。他不會糾結在面子上，所以會去幫助自己的競爭對手，他也不會計較一時的虧損，目標是解決客戶的問題，進而贏得客戶的信任與尊敬。

在電子代工產業中，鴻海與偉創力前後競爭超過十年，而鴻海也終於在二〇〇五年超越偉創力，成為全球第一大的電子專業代工製造廠商。還有些精彩的故事，都收錄在《創客創業導師程天縱的經營學》一書中，有興趣的讀者請參考〈電子代工產業的世代交替〉這篇文章。

如果只看到郭語錄中的「世界上沒有『缺貨』的問題，只有『價格』的問題」這句話，一定會有很多人不同意。因為金錢不是一切，能用錢解決的問題，都是小問題。這世界上有很多東西，是金錢買不到的、取代不了的，這些我都同意。

如果我們把討論範圍，縮小到企業經營、供應鏈管理的缺貨問題，那麼這句話就有可能成立，但是又太簡化了。在德州儀器的缺貨故事裡，僅僅是一個「價格」，就解決了蘋果「缺貨」的問題嗎？背後有多少的精心策劃？

結語

在台灣疫情嚴峻的今天，郭台銘先生願意花費百億來捐贈五百萬劑疫苗，我由衷地敬佩。他的夫人曾馨瑩也透露，最近她每天看著先生及團隊為了疫苗的事情，忙著開會討論，不管是文件內容、藥商、冷鏈物流、原廠疫苗接洽等，郭先生都親力親為，連夢話都是關於買疫苗的事。

蘇貞昌院長說的也沒有錯：「疫苗和口袋裡的錢不一樣，疫苗能不能進來，第一、要看疫苗生產原廠有沒有貨；第二、他要不要賣；第三、他願不願意賣給郭董。」這次郭先生捐贈疫苗的事，讓我又想起二十幾年前德州儀器缺貨的事，兩者是否有點相同的影子？

但是，疫苗的採購遠比ＩＣ的採購要來得複雜多了，因為中間牽扯到太多政治問題。要在這個全球搶購的時候為台灣買到疫苗，確實不是只有錢就可以解決的，就好像德州儀器的ＩＣ缺貨，也不僅是價格的問題而已。疫苗原廠一定有貨，也一定會賣出來，至於會不會賣給郭先生……有了之前的經驗，我對郭先生有信心，我相信他會找到方法的。

35 中央和地方的責任與授權

中央的指導方針千萬不要訂得太細，否則只會把自己變成箭靶，也讓各種因為地方因素而產生的困難，變成自己要傷腦筋解決。這樣不僅有損中央的威信，也讓原本立意良善的政策反而處處變得考慮不周，甚至把地方執行的成敗責任攬到自己身上。

我職業生涯裡大部分的時間都在負責特定區域，例如中國大陸、亞洲區的總部，以及所有分公司。因此，我必須依照總公司的策略，訂定每個分公司的年度目標，然後定期到每個分公司去視察。在視察和開會時，每個分公司總經理和旗下團隊，都會跟我報告他們的目標、策略、行動計畫和進度，對於進度落後處提出的檢討，不外乎「遭遇到某些困難，因此需要總部的資源與支持」。

作為他們的老闆，聽著冗長的報告，我經常忍不住接管講台和麥克風，跟他們分享其他分公司的成功案例和經驗，也提出我自己的經驗和建議。對於我的分享和建議，分公司團隊的標準反應就是「各地有各地不同的環境和問題，所以這些分享和建議的內容，大多是不可行的」。

因為我對於當地的環境和困難，瞭解的程度確實沒有他們透徹，因而我的分享和建議老是被團隊否決，所以每次會議之後，我總是有很大的挫折感。但是，在會議和討論之後，我又必須強壓住自己的挫折感，仍然要給團隊成員們一些掌聲和鼓勵，畢竟每個分公司的運作和執行還是要靠當地的經營團隊。

角色錯位

直到有一天我突然醒悟：我是他們的老闆，應該是我坐在台下聽他們報告，然後提出我不滿意的地方，告訴他們我不能接受的做法。我該做的事情，應該是「拋出問題讓他們去傷腦筋」。可是，我的做法卻把自己變成「站在台上向屬下報告」，而我的屬下團隊則變成了「坐在台下聽老闆報告」，然後提出問題讓老闆傷腦筋。這不成了角色錯亂嗎？所以我深自檢討，為什麼會造成這種角色錯位的情況，然後讓自己覺得很受挫折？

一、屬下的原因。我的分享和建議，確實可能沒有考慮到每個地區的差異，也沒有考慮到同樣的做法在地區差異之下，可行性和有效性也可能不同。

團隊丟給我的困難，如果用負面一點的角度來想，我可以說「成功的人找方法，失敗的人找藉口」，認為他們只不過是為自己的錯誤以及沒有達標的結果，尋找一些藉口而已。反過來正面想，因為我確實缺乏對當地的瞭解，也無法判斷他們提出的困難究竟是藉口還是真實情況，所以團隊或許可以利用這個機會來教育我，增加我對每個分公司的瞭解。

二、**自己的原因**。我是他們的老闆，這是不必證明的事實，但我急著跳出來分享和建議，讓自己成為箭靶，是否因為我自己內心也有一點不安全感或虛榮心，想要藉著糾正他們的錯誤，來證明我比他們聰明、有經驗，以顯示我這個老闆當之無愧？前幾天看到網路上有張圖卡*，充分反映了當時我的心態：我缺乏成年人的自律，喜歡糾正別人，尤其是糾正自己的屬下。我真希望在年輕的時候，就能看到這張圖卡。

三、**管理分工的原因**。在大企業的金字塔組織架構下，如果中央和地方的職、權、責沒有劃分清楚，就會產生疊床架屋和矛盾衝突的現象。所以，中央給地方的應該是指導方針性質的指示，而不是每個地方都要遵循的執行計畫，甚至是更細的SOP。

眾口難調

台灣因為這一波爆發的疫情，成立了「中央流行疫情指揮中心」，在疫苗供不應求的情況下，指揮中心設計了分類施打疫苗的策略，一方面就手頭上僅有的疫苗庫存，先讓重要性高、類別優先次序高的人士接種。另一方面，也給地方足夠的時間建立疫苗施打量能，並對廣大的國人宣傳、推廣接種疫苗的重要性，以爭取國人的認同，依分類的先後次序加快施打速度。

這種分類施打的方式，其實是非常好的策略。指揮中心應該把疫苗分類施打做成一個指導方針，只提出每個類別的簡單定義，但讓每個縣市政府定義各個分類組成的職業別細分。如此一來，中央容許各地方有各自的差異性，地方政府也可以根據自己的情況來細分每個類別所包含的人群。所以，各縣市民眾對於不同職業別的不同意見，就由各地方政府去承擔和解釋。而以現在的情況來看，指揮中心是反其道而行，將分類的類別幾乎做成了包山包海、各地方政府都必須遵循的執行計畫和SOP。

不必要的「包山包海」

從事半導體業的人大多知道，適合各種廣泛應用的「通用電腦處理器」（general-purpose processor），必須是一個很大的半導體IC，因為它必須包含各種應用所需的功能，所以就會變成什麼都有的「超集」（superset，或稱為母集，或者說是大雜燴）。這樣最大的好處，就是量產的成

* 編注：可參閱 https://bit.ly/3KKCELh。

本可以降低，而且品質容易控制。然而，許多垂直應用並不需要如此多的功能，只需要這個通用處理器功能的一部分就夠了。

所以，大處理器的缺點就是成本增加（因為包含了垂直應用所不需要的功能）、運算速度變慢（因為包含了許多垂直應用不需要的線路），功耗也增加了（所以耗電、容易發熱，待機時間也變短）。而「中央流行疫情指揮中心」要求地方政府遵循的分類施打規則，肯定也有類似通用電腦處理器的問題。再加上我前面提到的媒體治國現象，導致指揮中心每天展示的「分類施打指引」內容越來越長，但抱怨的意見卻反而越來越多了。

這不就像我職涯的例子嗎？中央的指揮中心在台上報告，地方政府和媒體坐在台下，一直提出反對意見和問題。這難道不是中央和地方的角色錯位了？

◆結語

我以職涯經驗當作例子，總結一下自己犯的錯誤：

一、當老闆面對屬下的時候，就像是拳擊比賽時教練和選手的關係。所以教練在比賽時，應該站在拳擊台下，指導拳擊選手應戰策略，千萬不可以看到自己的拳擊手犯錯、遭到對手痛打時，就忍不住跳上台跟對方選手打起來。

二、**指導方針本來就是作為執行者參考的指示**。尤其是「一個中央」對「許多地方」時，必須給負責執行的每個「地方」足夠的彈性，以包容每個地方的差異性。所以，中央的指導方針千萬不要訂得太細，否則只會把自己變成箭靶，也讓各種因為地方因素而產生的困難，變成自己要傷腦筋解決。這樣不僅有損中央的威信，也讓原本立意良善的好政策，反而變得處處都是思慮不周，甚至把每個地方執行的成敗責任攬到了自己身上。

如果讀者們有興趣的話，歡迎回頭再參考〈中央與地方的分工〉一文。因為自從寫了那篇文章之後，我覺得至今問題持續惡化，因此再寫這篇文章作為續篇。感覺陳時中部長和團隊盡心盡力地為控制疫情而努力，但現在的情況就好像台語所說的「做到流汗，被嫌到流涎」，讓我內心非常不捨。但就像經營企業一樣，如果不找到問題的根源加以改善，情況恐怕只會惡化。

36 指揮中心的使命與目標：兼論組織架構與時間跨度

對於現今這種新型態的「戰疫」，我們要有新的立法、法源依據、組織架構，再加上「無限賽局」的心態和準備，才能回到正常的生活方式，確保經濟持續發展。

在〈跨界才能創新：跨部門合作的總體戰〉一文發表之後，有讀者們留言如下：

讀者甲：請教程老師，這場仗還有得打，如何去定義這場防疫戰爭的勝與敗？可以用哪些量化的數字做客觀的分析嗎？

讀者乙：我覺得訂定KPI怕對於幾位官員太難理解了，直接給予建議比較快。

讀者丙：「複雜科學」告訴我們，「傳播」的客體無論是「知識」、「謠言」、「病毒」，傳播行為都類似，如果目標是要讓病毒停止「傳播」，那麼死亡人數是最有效的觀察指標。

讀者甲：應該還有很多量化指標可以來評估，假設是這麼單一的指標，那如何訂定標準？死亡人數多少才算防疫成功？

在以上的留言對話之中，討論到「中央流行疫情指揮中心」的績效量化指標，但在談績效指標之前，必須先瞭解指揮中心的「使命」和「目標」。這是任何組織都應該搞清楚的最高指導原則，否則就有可能採用了錯誤的績效指標，甚至因而誤事。

組織的目標

但是在指揮中心的每日記者會中，似乎無論官員或媒體記者都沒有興趣瞭解指揮中心的「目標」和「績效指標」究竟是什麼。反而是我的讀者們對這個問題比較感興趣，也踴躍留言討論。那麼，我就從企業的角度來分享一些看法。

談到目標的訂定，就要先搞清楚「組織的使命」和「時間的跨度」。考慮勝敗的衡量之前，要先知道「環境的穩定性」和「競爭對手是誰」。這篇文章先探討目標的訂定，下一篇文章再談績效指標。

組織的使命

要訂定一個組織的目標，首先要瞭解「為什麼要成立這個組織」、「這個組織為什麼存在」、「它為誰創造了什麼價值」，以及「解決了什麼問題」。瞭解了組織的「使命」之後，才能訂定在這個使命的範圍之內，應該專注達到的目標，才不會忽視自己的本分工作、專管他人的閒事。

關於「使命與願景」，大部分教科書所談的，都是從企業的角度來定義使命，針對企業的五類利害關係人（stakeholders，指客戶、股東與投資人、供應商、政府、員工），解釋為何這個企業有存在的價值。而願景則是當使命達成時，生動活潑出現在所有員工腦中的景象。

在《創客創業導師程天縱的專業力》一書中，有一篇題為〈以「企業使命」定義自己的成就與目標〉的文章，介紹了訂定使命的步驟與方法，歡迎有興趣的讀者深入瞭解。

如果不是一個完整的企業，而是政府機關、公益組織、企業部門、專案小組等，也可以利用這種方法來訂定組織的使命。由於MBA課程比較專注於企業，在部門或組織方面缺乏可以參考的案例，所以許多主管實務上在撰寫部門使命時，可能會遭遇比較大的困難。其實簡單地說，部門的使命就是部門的主要職務（responsibilities），可以用「增值流程」來表示。部門主管如果不知道自己部門的主要職務或主要增值流程的話，就很難訂定部門的目標。

以中央流行疫情指揮中心為例

回到疫情的主題，「中央流行疫情指揮中心」的使命是什麼呢？根據維基百科的資料*：

國家衛生指揮中心中央流行疫情指揮中心，簡稱為中央流行疫情指揮中心或疫情指揮中心，是中華民國政府因應傳染病大流行而設置之中央層級的任務編組單位，法源依據自《傳染病防治法》第十七條第二項，由中央衛生主管機關衛生福利部及其下設的疾病管制署，研判國內、外流行疫情嚴重程度，認有必要時，得提具體防疫動員建議，報請行政院同意成立開設，並指派指揮官。

中央流行疫情指揮中心自二〇〇五年迄今已開設九次，包括登革熱、腸病毒、H1N1、H7N9、狂犬病、茲卡病毒（Zika virus）與目前的嚴重特殊傳染性肺炎（COVID-19），開設層級一至三級均有開設過。

中央流行疫情指揮中心依據《中央流行疫情指揮中心實施辦法》所負職責如下：

---

* 編注：可參閱 https://bit.ly/3MMlbnb。

一、疫情監測資訊之研判、防疫應變政策之制訂及其推動。
二、防疫應變所需之資源、設備及相關機關（構）人員等之統籌與整合。
三、防疫應變所需之新聞發布、教育宣導、傳播媒體優先使用、入出國（境）管制、居家檢疫、國際組織聯繫與合作、機場與港口管制、運輸工具徵用、公共環境清消、勞動安全衛生、人畜共通傳染病防治及其他流行疫情防治必要措施。

由上述資料可以得到兩個簡單的結論：

一、中央流行疫情指揮中心是個「任務型」的編組，根據特定的傳染病在台灣流行傳播而設立，於任務結束時解散。
二、其使命就是針對特定的流行傳染病，訂定防治政策和措施。

時間的跨度

對於編制內常態存在的部門，「使命」的時間跨度比較長，「目標」的時間跨度相對比較短。然而即使如此，目標仍然可以依照時間跨度分為年度、季度、月度等。如果是為了解決突發的重大問題或達成某種重要任務而成立的臨時編組，當問題解決、任務達成時就會結束，那麼使命和目標之間的時間跨度差距就會很小，甚至可能是一致的。因此，對於常態編制的部門而言，「使命」就非常重要，而對於任務編組而成立的部門，「目標」就更加重要了。

既然中央流行疫情指揮中心是個「任務編組」的部門，維基百科也提供了「為什麼要成立」、「主要職責是什麼」的資訊，但它的目標始終不明確，每當有媒體記者提問的時候，指揮中心經常以「滾動式的發展與檢討」來回答，並未提供明確的答案。

對於指揮中心的難言之隱，我非常理解，也非常同情。這次的新冠病毒，不同於指揮中心之前八次開設所針對的流行傳染病，而且此次病毒的變異速度非常驚人，即使是台灣醫療界菁英專家所組成的團隊，對這次疫情的破口與發展也還是捉摸不定。

有一篇在網路上流傳的小學生作文是這麼說的：**人會生病，是病毒在攻擊著人體。但說不定地球才是個人，我們只是它身上的病毒，而那些病毒正是地球的抗體**。我非常喜歡這種「另類思考」，因為它說明了人類對地球環境製造的破壞。或許要解決這次的疫情，不能再用對付傳統傳染疾病的方法，也需要另類思考。

世界各國的專家們都已經預測，並且提出警告，新冠病毒將會繼續變異，和我們疫苗的開發比速度。而且病毒將會永遠存在，甚至和人類共生，改變人類未來生活的型態。在這種情況下，「時間跨度」就變成了重要的考慮因素。過去的傳統流行疾病，通常會在人類的防治之下消失無蹤。例如二〇〇三年的SARS，就是一種病毒和人類拚輸贏的「有限賽局」，但新冠病毒卻是一場病毒和人類之間的「無限賽局」。

無限賽局

賽局理論把競爭分成兩種：「有限賽局」和「無限賽局」。有限賽局的目標是打敗對手，成為贏家，而無限賽局的目標並不是爭輸贏，也沒有時間和規則的限制，目的就是持續對抗、比氣長。

新一代管理大師、超人氣演說家賽門．西奈克（Simon Sinek）在他的《無限賽局》（*The Infinite Game*）一書中提到美國在越戰遇到的困境：美軍想要制敵求勝，但北越軍卻是為存活而戰，各自做了不同的戰略選擇。美軍雖然打贏了多次戰役，最後卻輸掉了整場戰爭，因為美軍是以有限賽局的心態在打越戰，而北越軍卻是以無限賽局的心態在打。於是，美軍發現自己陷入泥淖、難以脫身，最終退出越南。

這次新冠病毒和人類的戰爭，就是一場無限賽局，但台灣的指揮中心不論組織架構、任務編組、所負職責、防治措施，都仍然是承襲過去有限賽局的模式，與病毒作戰決勝負。

雖然指揮中心在成立不到四十天內，就從三級開設提升到一級開設，而且基於過去防治SARS的經驗，超前部署管制國境，打贏了第一波戰役，當其他國家都處於水深火熱之中的時候，台灣人民仍然享受著正常的生活。但是，採取無限賽局與人類作戰的病毒，還是找到了破口，入侵了台灣。而用有限賽局心態防治新冠病毒的台灣，在快篩普篩、疫苗施打、醫療量能等方面，一旦疫情爆發，自然就處處捉襟見肘了。

疫苗接種分類

走筆至此，或許會有讀者質疑，為何我這樣肯定指揮中心是以有限賽局的心態，在做新冠病毒疫情防治？有什麼證據嗎？

由於疫苗不足，導致台灣疫苗接種率遠遠落後於其他國家，居高不下的死亡率更增加了民眾的恐慌，因此指揮中心不得不以職業和族群分類，排定疫苗接種的優先順序。於是我們可以從分類的方法，看出指揮中心的目標。

如果以現行的分類排序（COVID-19疫苗公費接種對象110.6.21版）來看，主要目的是「阻斷病毒傳播鏈」，所以為接觸病毒機會高的人先施打疫苗，目標是「防止病毒擴散、降低確診人數」（第一、二、三、四、五、七類）。若以染疫後死亡風險高的人群優先施打，這種分類方式的目的就是「重視國人的生命」，目標就是「降低死亡人數和死亡率」（第五的長照對象和洗腎患者、六、八、九、十類）。

其實以上兩種都重要，而且互有影響、互為因果。由於疫苗供不應求，所以才有排序的問題。從分類排序的方式，可以瞭解指揮中心的目標還是以「疫情防治」為優先。這就是有限賽局的作戰方式：為了贏得戰役，犧牲是不可避免的。

結語

台灣人的警覺心很高，在二〇二〇年年初疫情從中國大陸武漢爆發時，就已經自動自發地戴口罩、勤洗手，對於中央和地方政府的防疫措施也充分配合。

可是在這波疫情爆發以後，指揮中心將疫情防治提升為「三級警戒」，不到兩個月的時間，民眾的生活、小企業的經營、親友的相聚，都已經受到嚴重的影響。伴隨著確診人數增加、死亡率居高不下，從疫苗施打進度落後，到疫苗殘劑的預約人數暴漲，可以感覺到人民的耐心在下降、恐慌在升高。

雖然在野黨歸咎於政府的政策，包含拒絕普篩、疫苗採購不足、對企業和民間捐贈疫苗的態度不積極、醫療設備和量能的不足等，甚至嘲諷指揮中心的「超前部署」。但我認為，以上這些都是表面上的問題。

根本的原因，在於沒有「無限賽局」的心態與認識。只要指揮中心還是一個任務編組的臨時組織，主要目標還是在於防治這波新冠肺炎的病毒，那麼就難怪指揮中心的官員們仍然在打一場「有限賽局」的戰爭，只要把疫情壓制下來，對指揮中心而言，就圓滿完成任務了。

只有做長期抗戰的準備，才會有我在前面〈短中長期的規劃，缺一不可〉這篇文章中建議的策略與目標。

既然「屁股指揮腦袋」是人性的一部分，就無法避免「坐在什麼位置上，就會怎麼想」。那麼政府就應該考慮抱持無限賽局的決心，將新冠病毒的疫情指揮中心改制為常設機構開始做起，由專職團隊負責短中長期的規劃與執行。

後記

為因應此波新冠病毒疫情而成立的指揮中心，在二〇二〇年年初病毒肆虐全球的時候，靠著「阻隔病毒於國境」的策略，成功為台灣爭取了一年多的正常生活。但是狡猾的病毒，靠著快速的變異，增強了傳染力和死亡率，並且找到了破口，迅速侵入並重創了台灣。

許多國內外專家都認為，造成台灣這次挫敗的主要原因，就是第一波的成功使得台灣過於自信與自大，沒有好好把握過去一年多的時間，從其他國家失敗的經驗中學習，也沒有長遠的策略，以未雨綢繆的態度布局未來。即使有許多專家都建議，台灣要趕快採取快篩、普篩，採購足夠的疫苗，儘速拖打以提高疫苗接種率，但是指揮中心仍然「老神在在」，無視高死亡率，專注在防治病毒、防止疫情擴散的措施上。

很明顯地，指揮中心在策略和目標上與專家、國人的期待有落差，我們不能將此落差簡單歸因到「過去的成功」或「自信與自大」。因此，我試圖解析指揮中心背後的「權力」來源，和成立的法源依據，以至於其設定的「策略」看短不看長。

收錄在《創客創業導師程天縱的專業力》一書中的〈願景背後的權力該為誰服務？〉一文中提到：**在任何組織裡，策略與願景都是由擁有權力的一小群人來制訂的，因此，藏在策略與願景背後的就是權力**。至於權力的本質是什麼？文章中也說：**權力永遠會為賦予、產生它的組織或團體服務**。

中央政務官員是由政府掌權者指派的，他們的權力會為掌權者服務，可以理解。而地方政府的縣市首長是透過民主選舉而產生的，也可以理解他們的權力比較會為他們的選民服務。而中央與地方疫情指揮中心之間的衝突與矛盾，就因此而產生。

「中央流行疫情指揮中心」是依據《傳染病防治法》第十七條成立的臨時任務編組，主要成員都是由中央部會政務官員兼職擔任，主要的「使命」或「任務」就是針對特定傳染疾病採取防治措施。等到疫情結束後，編組就會解散，成員歸建原單位。因此，很難責怪指揮中心在策略上「看短不看長」，在心態上是以有限賽局的模式在打這場「戰疫」。

反過來看，新冠病毒不同於過去的傳染病，是以無限賽局的方式與人類作戰，透過不斷變異和人類開發的疫苗對抗。對於這種新型態的「戰疫」，我們不能再依靠傳統的作戰方法。我們要有新的立法、新的法源依據、新的組織架構，和無限賽局的心態和準備，才能回到正常的生活方式，確保經濟持續發展。怎麼做？就從閱讀這篇文章開始吧。

37 如何化危機為轉機？

「使命」必須要有高度、廣度和時間的跨度，才能為目標、策略、績效指標指出明確的內容與方向。有了宏觀的使命與願景，才不會一味地追求短期效應，進而開始考慮中長期的目標、策略和指標，化危機為轉機。

有讀者問我，在討論一個組織的績效指標時，為什麼要「從猴變人」，也就是從組織的「使命」說起？這樣是否有點小題大作？之所以有這個問題的主要原因，在於大部分的人都不瞭解組織使命和願景的重要性，也不太瞭解如何訂定這兩者。雖然我在前一篇文章中，對這兩者已經做了一些解釋，但相信許多讀者還是不太瞭解。不只是個人，一些台灣企業也常會對使命和目標產生迷思與誤解。

在這裡，我先將使命、目標、策略，一直到指標的關係，用圖37-1解釋清楚，然後再舉個實務操作的例子，來講解具有高度和廣度的「使命」，對於接下來的「目標／策略／指標」能產生多大的影響。

部門的使命與願景

在我的職涯中，常見到許多企業在訂定部門的「使命和願景」時，犯了以下兩個錯誤。

一、由誰來訂定？

雖然台灣企業在過去三十年中，透過ＭＢＡ課程學習了歐美先進企業的經營管理經驗，也取得了長足的進步，但在許多理論與實務上，我們只學到了「形」，

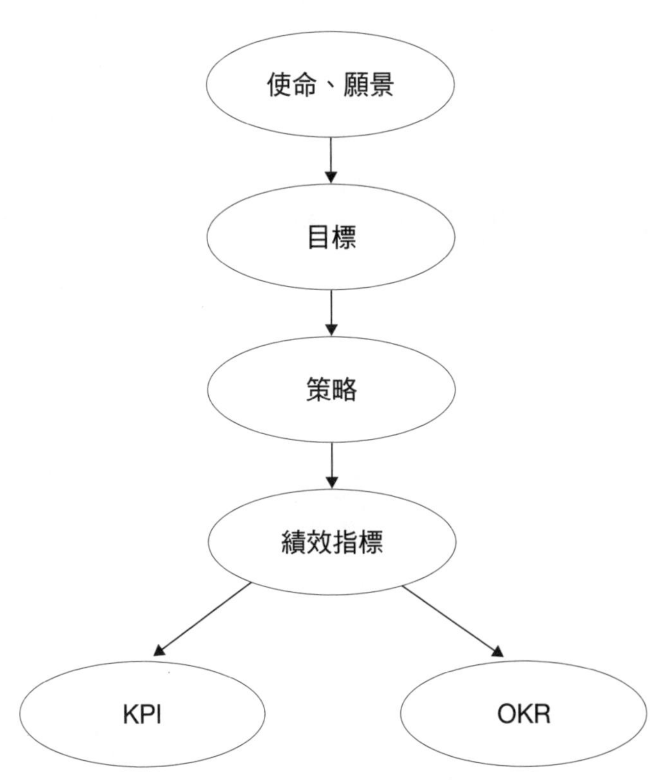

圖37-1：使命、目標、策略與指標的關係圖

卻沒有學到「神」。

多數企業主對於部門的「使命與願景」，都只求「有」就交差了事，因此在設立新部門時，這方面都是由該部門的主管自行訂定。其實，使命與願景定義了該部門存在的原因，所以必須是由「上一階」的主管來訂定，才能有足夠的高度與廣度，也才能考慮到與其他平行部門之間的橫向聯繫與整合。

二、有沒有更新？

在已經成立多年的部門，主管更換時大多行禮如儀、一切照舊，這也是導致組織中充斥著「不拉馬的兵」*的主要原因。部門主管在新上任時，應該根據產業、競爭環境、目標市場、組織架構等方面的改變，動態檢討、修正該部門的使命與願景。

以上兩個錯誤現象，都反映了企業對部門「使命與願景」的不瞭解、不重視。其實不僅限於企業，許多官、學、研組織之中，也都有同樣的問題。

我在決定部門主管接班人選的時候，一定會要求準接班人對部門的使命與願景做個簡報。從過程中就可以看出來，這些候選人對於即將接班的部門是否有足夠的瞭解、熱情，以及對未來的規劃。從領導人對於組織的使命與願景中，就可以想見組織未來的發展和命運。因為使命與願景就是「方向」，不同的方向當然會導致接下來的「目標、策略、指標」有所不同。

採購部門的案例

走筆至此，讓我用一個實務上的案例，來比較不同「高度」和「廣度」的領導者對採購部門「使命」的定義，會對採購的職責範圍產生多大的影響。

不論是產、官、學、研，任何組織都需要採購的功能，而在所有的組織中，「採購」都被認為只是執行行政流程的「功能部門」。根據我服務過的外商企業和接觸過的國內外企業，採購部門比較通用的功能有：一、採購開發及跟單；二、供應商管理；三、系統及流程管理；四、體系及稽核。而比較通用的採購流程則是：一、採購物品策略及管理；二、供應商開發及成本管理；三、計畫需求管理；四、採購訂單執行；五、進貨、驗收及入庫管理；六、對帳及付款；七、銷貨退回。

我在鴻海服務的期間，多次參加了郭台銘主持的會議，也親自聽聞了他對採購部門的要求，這堪稱是以世界級企業家的高度，對採購部門所訂定的「使命」。

根據為郭台銘服務多年的中國大陸機要祕書評論，他的成功關鍵因素之一在於「大事抓準，小事抓細」，同時具有「準確預測未來趨勢」和「親身參與各項工作細節」兩種能力的世界級企業

＊編注：關於「不拉馬的兵」，可參閱《創客創業導師程天縱的管理力》書中，〈從「不拉馬的兵」談企業中的無用習性〉一文。

家，其實非常罕見。

以郭先生的高度和廣度，會親自表示對採購部門的要求與期許，是很難得的。而他對採購部門「使命」的定義，也完全顛覆了我的經驗和想像。郭台銘認為，採購要做的事情是：**買技術，買人才，買市場，買長遠合理價格**。所以，採購部門的功能絕不僅是「根據內部使用者提出的材料、設備、工具等需求執行採購作業」的行政流程而已。

為什麼買「技術」？如果供應商的技術領先、具有競爭力，雖然價格未必是最低的，但本公司與供應商的合作關係才能維持長久。

為什麼買「人才」？供應商的經營管理和技術研發能力，主要都來自他們的人才，因此在評估和選擇供應商時，必須深入瞭解他們的團隊和人才。

為什麼買「市場」？採購部門必須深入瞭解供應商的新產品、新技術、新客戶。如果這家供應商值得建立長遠的合作夥伴關係，甚至還可以進一步考慮投資或併購。

為什麼買「長遠合理價格」？一般企業採購部門的目標，都在於尋求最低價格，並且要求供應商持續降低成本及價格，以增加自己產品的價格競爭力。而郭台銘則要求採購部門追求長遠合理價格，重點在於「長遠」的合作關係，和「合理」但未必「最低」的價格。

從郭先生的要求來看，他是以「無限賽局」的心態在經營企業，在這種策略考量之下，所有的功能部門都會有不同於一般的目標和策略。

政府使命與願景的典範

既然是談疫情，就離不開政府。讓我和讀者們分享個人認為足以作為典範的政府「使命」與「願景」。在政府的「使命」部分，我最欣賞的是發表於一七七六年七月四日的「美國獨立宣言」（United States Declaration of Independence）*，我從維基百科摘錄其中一段話：

> 我們認為下面這些真理是不言而喻的：人人生而平等，造物者賦予他們若干不可剝奪的權利，其中包括生命權、自由權和追求幸福的權利。為了保障這些權利，人類才在他們之間建立政府，而政府之正當權力，是經被治理者的同意而產生的。當任何形式的政府對這些目標具破壞作用時，人民便有權力改變或廢除它，以建立一個新的政府；其賴以奠基的原則、其組織權力的方式，務使人民認為唯有這樣才最可能獲得他們的安全和幸福。

這段文字，闡明了美國的政治哲學，也是民主與自由的哲學。這也可以視為美國聯邦政府的「使命」，據此再進一步產生的，則是美國的憲法、法律、國防、外交、經濟等方面的策略與目標。

---

* 編注：中文版可參閱 https://bit.ly/3N2HMwO，英文版可參閱 https://bit.ly/3oo4q8R。

我對「願景」的定義，就是當「使命」實現時，出現在每個人腦海中的生動活潑景象。寫成於距今約二千五百年前的《禮記．禮運》大同章（常簡稱「禮運大同篇」），堪稱是政府在達成使命時，最具有大同世界影像感的願景描述，摘錄於下：

大道之行也，天下為公。選賢與能，講信脩睦，故人不獨親其親，不獨子其子，使老有所終，壯有所用，幼有所長，矜寡孤獨廢疾者，皆有所養。男有分，女有歸。貨惡其棄於地也，不必藏於己；力惡其不出於身也，不必為己。是故謀閉而不興，盜竊亂賊而不作，故外戶而不閉，是謂大同。

短期目標的選擇

我在前一篇文章裡面提到：對於編制內常態存在的部門，「使命」的時間跨度比較長，「目標」的時間跨度相對比較短……如果是為了解決突發的重大問題或達成某種重要任務而成立的臨時編組，當問題解決、任務達成時就會結束，那麼使命和目標之間的時間跨度差距就會很小，甚至可能是一致的。

既然「中央流行疫情指揮中心」是個任務編組的部門，那麼它的「目標」就是它的「使命」。

為什麼「目標」很重要？因為目標會影響到績效指標，而「指標」會決定資源的投放。如果指揮中心的目標是「控制疫情的擴散和傳播」，就會選擇「新增確診人數」為最主要的指標；如果以「人民生命安全第一」為目標的話，那就會選擇「死亡人數」和「死亡率」為最重要的指標。

或許讀者會問，可否同時選這兩個指標，來衡量指揮中心的績效呢？你可以給一個組織多個目標，但還是要明確告訴組織，這些目標的重要性排序，當目標之間有衝突的話，他們才能夠決定取捨。而且不同指標之間也可能會有衝突和矛盾，例如「每日新增確診人數」和「高死亡率」之間，就會有面臨衝突和取捨的可能性。

疫情擴散會導致醫療體系崩潰，及醫療資源嚴重不足，進而導致「死亡率」上升。而「染疫死亡人數」上升，卻會導致確診人數穩定和下降。因為「染疫死亡」就是「永遠隔離」。控制疫情擴散的主要目的並不是「降低死亡率」，而是「維持社會的正常生活作息和經濟活動」。

許多國家在初次遭到病毒重創的時候，同時面臨高「每日新增確診人數」和「高死亡率」時，幾乎都選擇以「控制疫情擴散」為主要目標，甚至斷然採取「封城」的嚴厲措施，以便儘早阻斷病毒感染鏈、控制疫情擴散。陳時中部長在每日的記者會中多次強調，現在的主要任務還是控制疫情的擴散，以便及早解封，讓人民的生活回歸正常、重新展開經濟活動。毫無疑問，指揮中心現在的目標就是病毒防治、控制疫情的擴散，這也是世界各國在選擇「短期目標」時最好的選擇。

中長期目標的重要性

因為以下三個原因，在能夠控制疫情時，隨即就應該訂定和展開中長期目標與措施，將目標從「控制疫情擴散」轉為「人民生命安全第一」。

一、民主的真諦。真正的民主制度，是如同美國獨立宣言所說的，「人人生而平等，造物者賦予他們若干不可剝奪的權利，其中包括生命權、自由權和追求幸福的權利」。

在獨裁制度之下，雖然也強調民主和自由的核心價值觀，但是並非建立在「個人」，而是建立在「國家、社會、公民」三個層次上，也就是建立在「集體」上的民主和自由。這就意味著，為了達到「集體的民主和自由」，作為個人的公民就必須要犧牲小我、完成大我。詳細說明請參閱〈世界上，究竟有沒有真正的普世價值存在？〉這篇文章*。

政府的短期目標，雖然是不得不選擇「控制疫情擴散」，將資源投入在降低「每日新增確診人數」，而儘量不提每日「死亡人數」，但自許為民主國家的台灣，絕對不能長期以此「短期目標」作為對抗病毒的唯一目標。

二、人民的恐慌。雖然控制疫情擴散和降低確診人數、解除三級警戒，讓人民生活和經濟活動回歸正常，確實會解除人民的緊張和焦慮，但死亡率才是真正造成恐慌的原因。

我和同學、朋友的年齡層大多屬於六十五歲以上，也就是重症和死亡率最高的族群。在疫苗不足的情況下，被列為第八類的疫苗接種對象，前面七類又經常被檢討，而不斷增加特別的職業別和重要的族群。於是，大部分都已經退休的第八類人士開始恐慌，各種抱怨和吐槽在社群平台廣為流傳，也帶動了青壯年人口的恐慌。這波出國打疫苗的風潮，也都是因為「重症」和「死亡率」這兩個指標居高不下而造成的結果。

三、一波未平，一波又起。由於病毒變異的速度非常快，所以當新的變種病毒出現時，新一波的疫情擴散又會出現。因此，如果只重視「控制疫情擴散」這個短期目標，那政府和指揮中心就會永遠脫離不了這個疫情輪迴。這就是我前一篇文章提到的：新冠病毒是一場病毒和人類之間的無限賽局。只堅守著短期目標，並非解決辦法。

化危機為轉機

比爾・蓋茲（Bill Gates）說過，成功是一個糟糕的老師，他會讓精明的人們認為自己不會失敗。（Success is a lousy teacher. It seduces smart people into thinking they can’t lose.）「郭語錄」也說

* 編注：可參閱 https://tuna.mba/p/200914。

過，**成功是最壞的老師，只會讓我們變得無知和大膽**。無知和大膽都不可怕，但是當手中掌握權力和資源的人無知又大膽的話，就非常可怕。

台灣不可避免地受到了初期成功的拖累，如今最大的問題在於只追求短期的效果，而不重視中長期的目標和策略。例如傳統市場成為染疫熱區和感染源頭，我們仍然使用傳統手段：疫調、匡列、快篩、核酸檢測、優先接種疫苗、隔離等，只要達到控制疫情、不再擴散的目的，就開始解封，回到原點。等到下一波變異病毒的侵襲時，老戲碼就再重複上演一次。

除此之外，指揮中心或行政院是否可以考慮召集農委會、經濟部、科技部、地方政府等機構，一起討論利用高科技手段，改變傳統市場的生態和交易模式，讓疫情防治和產業轉型升級，畢其功於一役呢？

例如台灣的網路社群產業、電子商務、電子支付、人工智慧、大數據應用、虛擬實境（ＡＲ、ＶＲ、ＭＲ）等高科技產業，都已經遠遠落後世界各國，而我們引以為傲的「台灣之光」數位政委唐鳳，空有一身功力，卻仍然只在做「控制疫情」短期目標所需要的上網預約，餐廳、賣場、零售實聯制等「短平快」*的應用。而這些短期目標所需要的應用，卻因為政府ＩＴ基礎設施、網路傳輸速度都不足，重要數據庫之間沒有連線等中長期的數位化問題，而導致實聯制無法為疫調所用，也使得指揮中心每日的統計數據必須要「校正回歸」。

政府是否可以利用這次新冠病毒疫情爆發，化危機為轉機呢？

結語

台灣在這次新冠病毒的「戰疫」中有可取之處，但也有值得檢討的地方，應該持平而論，不該一面倒地叫好，也不該全面抹煞我們共同取得的成果。相較於其他國家的人民，台灣人的優勢在於有高度警戒心、戴口罩的習慣、對政府政策配合度高，但是在避免群聚、保持社交距離、使用非接觸電子支付等方面，仍然有改善進步的空間。

在新冠病毒爆發後，政府除了短期內要採取行動控制疫情、防止擴散外，民眾的生活習慣必須改變，產業必須轉型，生意模式必須創新，這些都可以用高科技來執行。

政府和人民應該儘快認清，這是一場無限賽局的戰爭，不會在短時間之內就判定輸贏，贏了一場戰役，不必沾沾自喜，輸掉一場戰役，也不必頹廢喪志。

本文提到的種種政府抗疫「看短不看長」現象的源頭，就來自於總統府、行政院對指揮中心所訂定的「使命」是什麼。使命必須要有高度、廣度，和時間的跨度，才能為目標、策略、績效指標指出明確的內容與方向。有了宏觀的使命與願景，中央和地方的疫情指揮中心才不會一味地追求短

* 編注：「短平快」為中國大陸用語，一指投資效益高、回收快的一般科技專案，或指男女結婚快、感情平淡、離婚也快的婚姻。

期效應，進而開始考慮中長期的目標、策略和指標，化危機為轉機。

沒有短中長期的目標和策略，沒有無限賽局的心態，如何能夠超前部署呢？別忘了在二次世界大戰時，英國首相邱吉爾（Winston Churchill）說過的這句話：千萬不要浪費掉每一場危機。（Never let a good crisis go to waste.）。

38 如何選出「對的人」：專業、能力、意願、動機

企業主管把「對的人」擺在「對的位置」、賦予「對的任務」，是成功運作的關鍵之一。而從人選自己的角度來看，則要接受跨部門、跨領域的專案，才能夠擴大專業、加強能力，為自己走出更寬廣的路。經驗沒有捷徑，必須自己承擔、挑戰、實踐，才能爭取到職涯的發展機會。

我在臉書上分享了我的學長李良猷的貼文〈為國家防疫資訊系統診斷及建言〉*，他提出了問題和評論，也提出了解決方案的建議。

李學長高我兩屆，我們不僅年齡相近、生日同一天，成長的軌跡也大致相同。他從大同初中、建國中學到交通大學都是我的學長，畢業後我們都決定留在台灣就業，我進入外商，而學長進入本土企業，一直貢獻於台灣的軟體產業發展。

---

* 編注：該篇文章已不可見，原網址為 https://bit.ly/3UM2X8g。

當今所有媒體都在報導台灣疫情的防治之時，我的轉貼文章引言，用了「高手在民間？」為標題，吸引了不少目光。李學長這篇探討國家防疫資訊系統的文章，自然引起許多ＩＴ行業朋友的關注與評論。我用了一個反問句「高手在民間？」當標題，其實是在呼應李學長文章內容：政府內部也有高手，但得看決策者是否把「對的人」擺在「對的位置」、賦予「對的任務」。

長期的三級警戒，正在考驗著台灣人的耐心。即使再怎麼自覺地戴口罩、勤洗手、減少外出、配合政府政策的要求，但時間拉長之後，對於已經盡力「戰疫」的政府防疫團隊而言，情勢與民意卻越來越不利。

最近防疫資訊系統與應用出了幾次問題，如同在「疫苗短缺」這把火上，又添加了汽油，引發更大的民怨。李學長這篇文章，確實是從專業角度來分析政府資訊系統的問題，並且提出了他的看法和建議。我的臉書朋友和讀者之中，不乏具有科技界背景，來自產、官、學、研不同領域的專家。從他們的留言可以看出來，有許多人支持李學長的文章，期待政府能夠因勢利導，將其龐大的資訊系統改善、整合，轉型為數位化的政府。

所謂「外行看熱鬧，內行看門道」，這邊就不再深入探討疫情防治的策略或牽涉太多資訊系統的架構與技術，只聚焦在經營管理的領域。

選「對」的人

在企業中，由外部招募人才或在內部提拔人才時，最重要的就是「價值觀」是否與企業一致。在我已經出版的書中，有許多文章都談到了企業價值觀與文化的重要性，這裡就不再贅述了。除此之外，還要注意四個重點。

一、專業。科學的進步一日千里，導致產業的種類也快速增加，企業內的分工也越來越複雜，為部門舉才，首先要考慮人選與部門的專業是否契合。今天的資訊科技範圍十分廣泛，已經不是簡單的「電腦應用」、「資訊系統」或「網路科技」可以涵蓋，其中的專業分工，在大學裡已經可以自成一個學院。

就以每個企業都必須具備的資訊部門為例，新創或小型企業所需要的資訊系統和架構，是以靈活彈性為主，不需要非常複雜的系統，而中大型或跨國企業，由於組織龐大、產品複雜、市場全球化，因而需要龐大和複雜的資訊系統與架構。

無論是製造業或是服務業，也不管企業的規模大小，幾乎都需要「雲端系統架構」。規模不夠龐大的企業，可以使用公有雲系統，亞馬遜（Amazon）、微軟（Microsoft）、Google，甚至許多電信營運商都有提供。至於規模較大的企業，則可以考慮使用私有雲或混合雲。

我的大兒子Jerry雖然得到美國加州大學洛杉磯分校（UCLA）的資訊科學與工程（CSE）

博士學位，但在他的職業生涯中，從事的始終是與行動終端設備有關的應用開發，因此在工作升遷和轉換公司的過程中，在專業領域上一直被貼上「端」的標籤，缺乏「雲」的經驗，因而與許多機會擦身而過。對於「雲」和「端」的專業差異性如此大，我甚為不解。不就是軟體開發嗎？Jerry很誠實地說，雖然本身是個電腦博士，他對於「雲計算」的系統架構與「端應用」的整合，確實不夠瞭解，也沒有足夠的經驗。因此，大企業ＩＴ部門的升遷機會，「雲」專業的人比較占優勢，是個不爭的事實。

身為決策者，必須瞭解專業、尊重專業，才能夠選擇正確的人。

二、**能力**。專業可以由人選的學歷與經歷來判斷，但學、經歷並不一定就等同於「能力」。我自己通常會看人選擔綱過的專案與達成的結果，這在外商企業裡統稱為「資歷」（track record）。人選如果是部門主管，則部門績效只是作為參考，因為部門績效是「團隊能力」的表現，不見得就是「個人能力」的結果。我曾經碰過許多部門績效非常好的主管，可是一旦調離原部門到新部門，表現就不若以往。如果人選曾擔任過跨部門組成的專案負責人，就更能夠看清此人的「個人能力」。

三、**意願**。意願就是「想要」、「需要」。如果在幾個人選當中，專業和能力都差不多的話，那麼意願高的人，就會珍惜機會，成功的機會比較大。例如某個人不喝酒，你送他再貴的紅酒，他也會覺得沒有價值，因為他不想要，也不需要，所以對他來說，這個「機會」的價值很低。有強烈意願的人，對於機會的渴望程度就比較高，而機會所代表的價值也會比較高。

四、**動機**。如果在人選中，專業、能力、意願都不相上下的時候，那麼我就會深入去瞭解，他們追求這個機會的動機是什麼。如果動機是正面、積極的，希望將自己職涯的路走得更寬闊，或是希望在自己的職涯中成就自我、為了更接近自己的理想和目標，那麼動機會變成我做決策的一個重點。因為，有強烈而且正確「動機」的人才會堅持。

我過去曾經多次發現，為了要離開目前的工作或公司，許多人會去追求新的工作舞台，基於這種動機的人選，往往在新的舞台上又會碰到同樣的問題。「家家有本難念的經」，如果只是換個家，經只會更難念。有興趣的讀者，歡迎參考《創客創業導師程天縱的職場力》的後記〈找到追求卓越的動機，在職場上成功〉。

結語

看到學長李良猷〈為國家防疫資訊系統診斷及建言〉這篇文章，我有感而發，將自己在職涯中如何把「對的人」擺在「對的位置」、賦予「對的任務」的經驗分享給大家。

從人選的角度來看，應該勇於接受跨部門、跨領域的任務或專案，才能夠擴大自己的專業，加強自己的能力，為自己的職業生涯走出更寬廣的路。因為「經驗是沒有捷徑的」，必須自己勇於去承擔、去挑戰、去實踐，才能夠為自己爭取職涯的發展機會。

從決策者的角度來看，人選是否認同企業的價值觀與文化，是最基本的要求。接下來就看專業、能力、意願和動機。另外還有一個重要但鮮少人談及的關鍵成功因素，就是決策者本身對於部門或任務的專業是否足夠瞭解。如果決策者自己對人選該具有的專業都不瞭解，那麼決策品質肯定好不了，就如同「問道於盲」的情況一樣。

在西方企業裡，這種問題比較少出現。但是東方企業比較強調威權、階級、尊卑，所以比較常出現「官大，學問大」的情況。在上位者不會承認自己不懂，在下位者也不敢去挑戰長官。而當選擇了「不對」的人、導致結果出了問題的時候，往往是人選背黑鍋。這個問題就留待下一篇文章再來討論和分享。

參考閱讀

〈職涯困境的解決之道，除了進修還有什麼？〉，https://tuna.mba/p/210623。

39 「選育用留」之一：如何培養對的決策者？

許多台灣企業都在努力培養人才，也重視終身學習，但受限於規模與資源，很少有企業能提供內部設計的訓練內容，只能仰賴外部的EMBA課程。這不是壞事，但必須瞭解EMBA的誤區*，才不會「畫虎不成反類犬」。

在前一篇文章中，我們談到要選「對」的人，從決策者的角度來看，人選是否認同企業的價值觀與文化，是最基本的要求。接下來要看的則是人選的專業、能力、意願以及動機。前文也留下了一個伏筆，就是決策者本身對於部門或任務的專業是否足夠瞭解？是否能夠勝任，做出「對」的決策？

* 編注：「誤區」為中國大陸慣用語，指長期形成的錯誤認知或做法。

企業如何培育決策者？

美國企業重視員工的培訓，講師多半以內部主管為主，教材案例自然也大部分是根據企業內部的情況而設計的。即使是各知名大學的MBA課程內容，也大多都是美國企業的案例，因此非常實用。

台灣一些具有規模的企業，也會提供內部的培訓課程，但大多是請外界的專業講師來上課，很少有針對自己企業情況而設計或客製化的內部培訓課程。至於台灣的中小企業，由於不具規模又沒有足夠資源，所以多半仰賴外部的各種EMBA課程，由公司全額或部分補助，讓接受培養的重點人才參加。

如果是由大學開設的EMBA班，通常是隸屬在管理學院，也有少數是跨學院共同成立的，在師資和資源方面，這些EMBA班都比較充裕。按照教育部規定，畢業時頒發的是碩士學位，報考資格則需是大學畢業或同等學歷。

若是其他機構開設的EMBA班，因為沒有足夠的師資與課程內容，所以大部分以邀請名人演講為號召，在一年之中提供十幾堂課。當然，課程之間的邏輯性、連貫性、系統性，就不如正規大學商學院，畢業學生也不會獲得正式的學位。上課時間則大都是在工作日的晚間或週末，以便這些在職人才（working professionals）能夠兼顧工作與學習。

或許這與華人喜歡拉幫結派、套交情、拉關係的文化有很大的關係。這類課程雖然收費昂貴、沒有學位、占用下班後的時間、實用性低，但是可以拓展人脈、增強人際關係，或許還可以發現新的商機。這樣的趨勢，導致許多大學、產業公協會、政府事業單位、財團法人、大企業等，紛紛針對企業的經營管理人才、二代接班人、新創公司與中小企業創辦人開辦EMBA班，並且有計劃、有組織地舉辦活動，將每屆校友結合成一股產業力量，不僅壯大組織，也成就自己。

在中國大陸也有同樣的現象。這種體制外的培訓產業，市場比台灣更大、收費更昂貴，但近年來依然蓬勃發展。

台灣EMBA的誤區

一、**西學中用**。台灣的管理學院課程，就如同台灣的經營管理書籍一樣，大部分都是來自於歐美，本地原創的很少。例如以正式的商學院MBA課程來說，台灣不少大學都與世界知名的大學商學院合作，使用國外的工商管理碩士課程內容。也因為如此，這類課程對於台灣社會和企業特有的問題，像是傳統產業、轉型升級、家族企業、二代接班、代工製造、供應鏈、勞資關係、選舉文化、政府法令等，就很少有所著墨。

二、**基本功不足**。歐美的商學院課程案例，不論是MBA或EMBA，都是來自於西方企業，尤其是知名大企業，例如「全球五百大」或「美國五百大」等。美國的管理大師或暢銷書作者所做的研究或調查報告，最後歸納總結的理論、方法、模型，也都是以西方企業的現況為基礎。西方對企業的經營管理研究已經有數百年歷史，自從一七六〇年代英國工業革命推動了工廠規模生產之後，管理概念和理論更是加速發展。

台灣的經濟和民營企業的發展，則是在一九七〇年代政府十大建設之後才加速推動。而中國大陸的經濟和民營企業的發展，是在一九九〇年代「改革開放」之後，才開始真正快速發展。

由於我在外商任職三十年、為台商工作八年（在外商服務之前有三年、之後有五年），加上退休後輔導新創和中小企業近十年，深深感到美國和台灣企業之間的管理基本功有所不同。雖然其間的差異逐年縮小，但是仍然有段距離。以武俠小說的武功來比喻，西方MBA的理論和個案，練的都是上乘武功，而台灣的MBA和EMBA課程教的，也都是來自西方企業的上乘武功。但差別在於大多數的台灣企業——尤其是中小企業——基本的馬步都蹲不好，自然上乘武功就練得荒腔走板。

基本的馬步體現在兩個地方：企業的價值觀與文化，以及管理的細膩程度。

以價值觀與文化來說，大多數的西方企業認為價值觀是一種信仰，與教育制度、人民素質都有很大的關係。而華人企業大多只把它看成一種口號，是貼在牆上或開員工大會的時候呼喊的。

在管理的核心理念上，東西方企業也有很大的差別。西方企業的管理比較專注在激勵和興利上，而華人企業則比較重視教導和防弊。因為理念的差異，所以管理「細膩」的地方就不一樣。西方企業重視人才的「選育用留」、員工的價值觀、商業道德行為準則，以及組織架構的分工合作與信任授權等。華人企業則在除弊、防弊的管理制度與措施上非常細膩。例如我所服務過的美國企業，很少在內稽內控、員工投訴、實名檢舉、貪汙收賄、上下班打卡簽名或採購輪調等方面制訂管理制度或實施細則，而主管在這方面花的時間也非常少。

三、蠟燭多頭燒？就讀EMBA班的人，有兩種常見的現象。第一種是把讀不同的EMBA班當成正業，讀完一個換另一個，廣交業界朋友，到處都是校友。尤其是事業有成、已經交棒的創業者，和已經財務獨立的退休者，年紀當值壯年，於是把念EMBA當成第三人生最重要的工作。

第二種現象，大都發生在名牌大學的EMBA班。校方為了培植、壯大校友力量，鼓勵學生成立各種社團。許多學生原本念EMBA的目的就是拓展人脈、廣交朋友，自然也樂於參與社團活動。因此，各校EMBA班的社團少則十個，多則有超過二十個以上。學生們自己組織社團，需要同學們捧場，其他同學的社團，自然也要參加捧場。我就碰到過不少參加十幾個社團的EMBA學生，而EMBA班的執行長就更不用說，要有堪比年輕人的體力，爬玉山、單車環島、划龍舟、搞三鐵，樣樣都要參加。

這些學生除了正職的工作以外，還要上課、參與社團活動，加上多如牛毛的各種交際應酬，還有時間維持正常的家庭生活嗎？在時間不夠用的情況下，工作和學習能夠兼顧嗎？

四、「有病治病，無病強身」？那EMBA對於台灣企業的經營管理能力究竟有沒有幫助？我的答案是「當然有用」，只要「善用」，不要「不用」或「誤用」，企業的經營管理會有很大的進步。針對我經常看到的兩種「誤用」，提出來與讀者分享。

狀況一：以為是萬靈丹。EMBA教授的各種理論，都是專家學者對許多企業案例進行調查、整理、分析之後總結出來的，對現代企業的經營管理都有很大的幫助。但是就如同看病吃藥一樣，必須對症下藥。在這世界上並沒有包治百病的萬靈丹，更重要的是要有輕重緩急的判斷。企業就像人的身體，能夠承擔的藥劑類型和總量是有限的，必須一步一步來。

狀況二：有形卻無神。EMBA班教的多半都是上乘武功，所以公司如果沒有練好基礎內功、蹲好馬步，實施起來就會荒腔走板，只是套用一個「形」，而沒有加入「神」。所有的MBA理論都只提供一個「形」，輔以個案分析和討論，這只能讓學生深入瞭解這個「形」，以及其用法，重點在於每家公司的情況都不一樣，面臨的問題優先次序也不同，無法照抄。所以必須加以客製化，針對自己公司的情況來加入「神」。

例如，學過策略分析的人都知道「SWOT分析」（指優勢〔strength〕、劣勢〔weakness〕、機會〔opportunity〕、威脅〔threat〕）。過去接受我輔導的新創和中小企業，都會根據我的要求，提供他們的商業計畫書，而幾乎每家公司的計畫書中都包含了SWOT分析。然而，他們最後總結出來的策略和執行計畫卻大多與SWOT分析無關，看不到其間的關聯和邏輯。如果是這樣的話，

SWOT就只是一個範本、一個「形式」。

企業的誤用情形，比較常見的就是這兩種：以為萬靈丹可以治百病，以及不夠針對自身的情況來應用，最後徒具形式。在我過去輔導的案例裡面，就有企業將EMBA所學到的東西一股腦兒都在公司裡面實施，把公司上上下下操得人仰馬翻，他們自己認為是「有病治病，無病強身」，但在我看來是亂槍打鳥。

結語

在前一篇文章中，我們談到要選「對」的人，才能確保任務會成功，同時也分享了一些選人的經驗和方法。但負責選人的決策者本身適不適任、是不是對的決策者，才是真正成功的關鍵。如同骨牌效應一樣，如果在上層的決策者本身不學習、不進步、不適任，那他所選出來的人「不對」的機率就很高。如此反覆下去，就會出現劣幣淘汰良幣的結果，最終企業就落入彼得原理所說的窘境。

時代在變，環境在變，科技也在改變，影響所及，產業也必須不斷轉型升級。唯一不變的是，人才是競爭力的基礎，成功的企業必須重視人才的選育用留。唯有學習型的組織，才能夠基業長青、永續經營、保持競爭力，而學習型組織必定是由終身學習的人才建構而成的。

本文的重點就在於人才的培育。台灣的企業界正在努力培養人才，企業主也重視終身學習，但受限於規模與資源，很少有企業能夠提供內部設計的訓練課程。仰賴外部的ＥＭＢＡ課程不是壞事，但是要瞭解ＥＭＢＡ的誤區，以避免出現「畫虎不成反類犬」的結果。

40 「選育用留」之二：投資人力資本，建立內部培訓機制

企業想要轉型升級，確保基業長青、永續經營，就必須投資未來，除了新科技、新商機、新事業之外，更需要把人才當成資產一樣來投資。除了從外面招聘人才（選），更要重視內部人才的培養（育）。

台灣企業對於員工的升遷，都會考慮到績效和年資。績效是能力的表現，年資則可以服眾，兩者綜合評估是不錯的方法。但任何事情都有兩面：績效只能看到已經發生的「結果」，比較看不到「過程」和未來的「潛能」；「年資」能夠證明對公司的「忠誠度」和「適應力」，但卻容易導致企業老化和僵化，以至於無法改變和創新。

企業想要轉型升級，確保基業長青、永續經營的話，就必須要有前瞻性、積極投資未來，除了新科技、新商機、新事業之外，更需要把人才當成資產一樣來投資。除了從外面招聘人才（選），更要重視內部人才的培養（育）。

就以我服務過的惠普公司為例，在創立初期是以「測量儀器」單一類別作為主要產品，漸漸演變至連結各種儀器設備，成為完整的測試系統。而因系統需要一個主控制器，於是就順理成章地進入了電腦產品領域。隨著ＩＴ技術的快速發展，惠普的電腦產品線由「測試控制」，發展到設計研發工作站、工廠自動化、商用電腦、個人電腦等，營收遠遠超過測量和測試儀器。

於是惠普面臨了核心技術能力「由硬體轉向軟體」的轉型挑戰。當時除了由外部招募軟體開發人員之外，內部也開始了「由硬變軟」的訓練課程，將大量硬體工程師訓練為軟體開發和應用工程師。如果當年惠普沒有完整的內部培訓機制，就無法面對企業轉型的挑戰。在ＩＴ產業爆發的時候，軟體開發人才供不應求，如果內部空有大量優秀的硬體工程師，卻沒有培訓機制，就只能眼睜睜看著商機被競爭對手奪取了。

內部培訓機制

當企業的規模超過百人時，就應該考慮建立內部培訓機制，尤其是非製造業的公司。因為內部訓練課程是啟動共識、使用共同語言、建立共同價值觀與文化、促進內部溝通最好的方法。但有許多中小企業不認同這個做法，因為課程的編排、講師的遴選，受限於公司的規模和貧乏的資源與能力，讓內部培訓機制很難實行。

課程的編排其實很簡單，初期只要包含三大類，然後針對公司的需要，先求有，再求好，最後求有效，三個階段慢慢來就可以了。

一、**基礎課程**。重點在於公司簡介，對象是新進員工。這裡可以分成幾個部分：公司的歷史、發展沿革、組織架構、市場與產品、技術與研發等。不管公司規模大小，這些都是必須準備好的基本材料，以便於和股東、客戶、員工、供應商，以及當地政府等五類利害關係人溝通。

二、**硬功夫（hard skills）課程**。這類課程都與「事」有關，例如針對各部門員工所需要的專業知識、技術、工作方法與流程、工具設備的使用、時間管理、問題分析、決策分析等。雖然在招聘員工時，都會要求應徵者具有相關專業和經驗，但理論和實務還是有差距，所以需要針對公司本身的特殊性質，給予員工實務操作的教學課程。

三、**軟實力（soft skills）課程**。這類課程都與「人」有關，例如溝通技巧（一對一、一對多、互動交流等）、簡報製作、會議安排與執行、團隊合作、團隊建設、專案管理等。這些課程需要高度符合公司的現況和需求，很難由學校教育提供，外部的專業培訓公司雖然也有類似課程，但大部分都是模組化、標準化的，對於不同價值觀和文化的企業而言，學到的內容比較難在實務上執行。

以決策模式來說，有的公司採取多數決（majority vote），有的採取少數決（minority decision），有的強調共識決（consensus decision），不同的模式就會有不同的溝通方法、不同的團隊運作形式。以溝通的方法為例，有的公司喜歡面對面、開會解決問題，有的喜歡用電子郵件溝通，有的喜歡用紙本公文和報告，有的還會要求簽名、蓋章。

以上三大類的標準課程，針對的是中低階員工。如果有針對特定題目或時事的培訓需求，可以邀請外部專家做單次專題演講，這類演講則不包含在內部培訓機制的標準課程裡面。至於高階經理人的訓練與培養，日後我再另外撰文分享。

人才的規劃與投資

我相信任何公司內部都有優秀的人才，他們是公司的無形資產，甚至比廠房、土地、設備等固定資產，以及庫存、應收帳款等有形資產的價值更高。因此，企業對於人的選育用留當然必須重視。

與人力運用相關的負責單位，從最早期只做人事行政的人事部門，發展到今天的人力資源部門，可見「人」在企業中的重要性，已經從「成本」、「費用」，提升為「資源」或「資產」，需要長期的規劃與投資。

從財務報表上來看數字，有形的資產和資本容易掌握，也非常清楚。許多企業的老闆習慣用「財報方式」來思考人才問題，因而掌握不住這些資產，也不知道這些資產的價值到底在哪裡。於是在許多中小企業裡，「人力資源」或是「人力資本」（human capital）就變成了口號，不知道標的在哪裡、如何投資、如何獲益。

其實這些無形的資產和資本，都存在於人的知識和經驗裡。早在一九九〇年代初期，就有企業在推動知識管理，並且創立「知識長」（Chief Knowledge Officer）的職位。但是，如同許多好的做法，一旦被學術化之後，就被化簡為繁、變得複雜，導致野心太大、期望太高，彷彿有了知識長就是萬靈丹，企業的所有問題都可以迎刃而解。例如，有人提出知識長的四個原則：「策略為引，流程為綱，知識為體，技術為用」，說實話，我越看越迷糊，越看越不懂。因此，知識長這個概念就如曇花一現，無疾而終，現在的大企業裡已經沒有這個職位了，更別說是中小企業。

我一向相信「大道至簡」。企業的經營管理應該要越簡單越容易執行，越不會出錯。人力資源和人力資本的建立，不需要大張旗鼓，從內部培訓機制開始做起就對了。過去我輔導過的中小企業老闆，都認為自己沒有專業和資源來設計課程、訓練講師，也認為寶貴的資源應該用在本業上，而不應該投資在自己不懂的領域，甚至有人質疑：「想喝牛奶，為什麼要自己養牛？」

課程設計和講師來源

優秀的人才，除了個人的能力和績效要突出以外，更需要是一個好老師，懂得分享自己的技術和專業，促進團隊共同成長。

所謂「教學相長」，我從過去的經驗發現，教課的老師花在準備上的時間，遠比來上課的學生要多很多，而結果也很公平，時間花得越多，收穫就越大，因此教課的老師從課程當中得到的收穫也會比學生多。從題目的選擇、課程內容的設計、實際案例的穿插、現場提問的回答，在在都逼著講課的老師要花時間來準備。

這個做法，其實也是讓講師好好地總結自己的經驗，再透過模式和方法的建立，傳授給上課的學生們。就如同全面品質管理所強調的，任何一件事情都可以用流程來呈現，優秀員工的能力與績效，也一定有方法可以設計成課程內容來分享和傳授。

因此，內部培訓課程的設計與講授，完全就從員工中擇優而行，沒有企業主想像的困難。此外，這對優秀員工而言，也是一種無形的榮耀與激勵。企業千萬不要把寶貴的人才，只當做「工具」使用，也不要把寶貴的無形資產視為成本和費用，當作企業的負擔。

至於「想喝牛奶，為什麼要自己養牛？」也很容易回答。**企業要提升生產力和競爭力，主要靠三個因素：人才、流程、工具**。企業存在的目的，就是為目標市場的客戶與使用者創造價值，而價值的創造離不開人、流程以及設備。大多數的企業都願意投資在生產產品的設備上，也願意花錢請顧問來改善工作的流程，卻很少願意花錢投資在人的身上，因為設備的產出是有形的、可量化的，而員工的產出與價值是無形的、無法量化的。

設備需要定期維修和功能升級，甚至需要更新疊代，才能保持生產力和競爭力。人也需要不斷學習和能力升級，內部培訓機制是最好和最有效的方法，豈能簡單地用「喝牛奶」來比喻？要知道，大部分的生產設備都是通用設備，競爭對手只要花錢也可以買得到，即使企業可以自己改造設備，仍然需要靠人來設計和改造。設備不是企業差異化和競爭力的來源，企業中的「人」才是創造差異化、建立核心競爭力的關鍵。在《創客創業導師程天縱的經營學》的第一篇文章〈企業必須「以人為本」〉有詳細的介紹，歡迎讀者參閱。

結語

天底下沒有不可用之人，每個人都可以成功，端看企業主會不會用人，願不願意給員工和自己一個機會。每個人都是一塊璞玉，需要慧眼來發掘、巧手來雕琢，才能顯現價值。人才不必外求，企業內就有，外來的和尚未必比較會念經。

近日有則新聞報導提到*：

三三會今（十八）日，邀請台大校長管中閔演講，難得談到教育，企業家發言踴躍，QA時間紛紛拋出問題。豐興鋼鐵董事長林明儒問：「台灣以產業特色為專攻的大學似乎很少？」遠東集團董事長徐旭東說，新經濟需要複雜工具、多元歷練，直問台大「What are you training?」（到底訓練出什麼？）管中閔也回應，將與業界合作、增加人才歷練的厚度，並且突破科系限制，都是未來大學的方向，但重點是，「社會別再把大學生當小孩」。

這段企業老闆與管校長的對話，充分顯示出「企業把人才當作成本和費用」，既然花了錢，就希望「買」到最合用的人。這種想法完全忽略了企業之間的差異，一個剛出校門的大學畢業生，不可能適合每個不同企業的不同需求。

台灣的大學教育，不可能針對每個企業的需求，將每個大學生客製化。從產品價值鏈的角度來看，大學教育只能提供「通用產品」，或是再進一步提供「功能產品」（functional products），無法提供「解決方案」（total solution）。大學教育只能提供璞玉的原石，想要得到高價值寶石的企業，必須自己切割、自己雕琢，才能得到自己所需要的最終寶玉。

如何縮小企業主的期望和大學教育之間的落差？重點不是管校長說的「社會別再把大學生當小

孩」，而是「台灣的企業主別再把大學生當速食」，期望買來就可以立即食用。怎麼做呢？這篇文章的標題已經給了答案，企業應該「投資人力資本，建立內部培訓機制」。

＊　編注：可參閱二〇二一年八月十八日的報導〈問台大校長「訓練出什麼？」企業大老嘆下一代人才難覓〉，https://tinyurl.com/mv3dhz8f。

後記

觸發動機，帶動能力，繳出成果

愛爾蘭成人教育學家愛德華．凱利（Edward Kelly）將人生分為三個階段，第一人生是以受教育為主，第二人生開始進入職場，第三人生從離開職場、退休開始。用另一個角度來看，第一人生是進入職場前的準備時間，第二人生則是在職場上成就個人，第三人生則是用剩下的時間做自己，以及為他人服務。

我像大多數人一樣，在人生關鍵轉折的時刻，往往懵懵懂懂、隨波逐流。第一人生中的幾次聯考是這樣，進入第二人生找工作時也是這樣，退休進入第三人生時也不例外，不知道要做什麼、如何度過漫長的餘生。只是沒想到，當我開始找到第三人生的方向：輔導新創和中小企業、提筆寫下職場經驗、透過網路社群和出書傳承給年輕人，開始做自己、也為別人的時候，我的人生在二〇二三年初又出現了轉折點，讓我必須重出江湖、再戰職場。

命運的安排

二〇二〇年年初，突如其來的疫情改變了許多人的人生規劃。自詡「人定勝天」的人類，面對地球的呼吸卻毫無招架之力，只能默默承受。沒想到，我因此整整三年無法和在美國的兒孫們見面。

剛結束的二〇二二年對我來說，非常兇狠。十月下旬帶走了我的母親和鄰居好友，原以為時間會撫平傷痛，新的一年會帶來新的希望，沒想到二〇二三年元旦凌晨的一通電話，卻帶來我的好友、和椿科技創辦人兼董事長臨終的訊息。兩星期後，我的父親也離我而去，到西方極樂世界去陪伴母親。

依照主管機關的規定，上市公司董事長過世，必須立即召開臨時董事會、選舉董事長。而我則是在心情悲痛和慌亂之中，被董事會推舉為董事長。我是信守承諾的人，只要答應，必定全力以赴。既然命運安排我擔任和椿董事長，雖然體力已經不復當年，我仍然擁有一顆年輕的獅子心，勇敢承擔下來。

但是，在退休十年半之後重回職場，已經是完全不同的局面。細數第二人生的職涯，除了第一份工作在台北小貿易公司當業務之外，都是在跨國企業服務：惠普二十年，德州儀器十年，鴻海五年。跨國公司的工作雖然職稱很高、規模很大，舞台卻越來越虛，成就感越來越小。因為，天塌下來有人頂著、重大的決策輪不到我做，企業存亡的責任也不必我扛。

如今擔任台灣上市公司和椿科技的董事長，雖然沒有股份、只是專業經理人，但無論問題是不是過去遺留下來的、困境是不是我造成的、決策是不是我做的，都必須概括承受，最終責任仍要我扛。作為一個完全不瞭解狀況的局外人，要立刻掌握全局、面對內憂外患、制訂新的方向和策略，我只能全心投入。過去三個多月幾乎每天早七晚五上班，工作量龐大，然而我已經不復當年的體力了。

人生中最寶貴的，往往不是財富與權力，而是生活中隨處可得、失去時才會意識到它存在的東西，例如空氣、陽光、水、健康、親情等。而現在我意識到的另一樣寶物，則是退休生活，也就是「第三人生」。

員工的三累

身為一個中小企業董事長，我必須對五種人負責：股東、員工、客戶、供應商、社會責任，不可偏袒也不能忽略任何一方，必須要情理法兼顧，有所為、有所不為。任何策略與決定，要短中長期平衡，不能只看一年、三年，至少要看五到十年。每個人心中都有一把尺，刻度都不同，其中的拿捏就是一種挑戰。工作的挑戰我可以克服，身體的勞累我可以支撐，但面對各方的利益衝突，內心煎熬經常讓我夜不成眠。

在我先前《創客創業導師程天縱的職場力》一書中收錄的〈為什麼企業離職率高？為什麼二代不想接班？〉這篇文章，提到東方企業的員工離職，主要是因為「三累」。雖然我是公司董事長，實則是個專業經理人，也是公司員工，重入職場，我也免不了會有這「三累」。

中低層員工離職的時候，往往會告訴部門主管另有高就、個人生涯規劃、家庭因素等原因，深入追問之後可以發現，八、九成的離職員工都是因為與部門主管相處不好，才會決定離開。所以管理者必須鍥而不捨、一層一層往下挖，繼續搏感情、表關心，離職員工才會敞開心胸、打開話題，訴說他們身心俱疲、決定離開的真正原因。

生理上的累

旺季來臨時，工作壓力大，加班超時避免不了，但公司經常安排下班之後或週末時間舉辦培訓、召開會議，而且大部分都是臨時起意。此外，客戶也經常在下班或週末前交代工作、要求資料報告，而且下一個工作天就要。更糟的是，有些公司的加班已經成為一種文化。結果不重要，反而工時長短、加班頻率成了績效考核的重要指標，逼得員工下班不敢離開、週末不敢安排，以致身心俱疲，無法兼顧家庭生活。

這種超時工作影響休閒和家庭生活的情況，造成了員工「生理上的累」，經年累月的生理過勞，就成了離職的主要原因。

雖然我退休後已經財務自由，不必為生活而工作，但為了維持每天運動的習慣，仍然堅持凌晨二點三十分起床、三點三十分出門運動，再加上朝七晚五工作，睡眠不足、體力也不復當年，「生理上的累」更甚於前。

心理上的累

從小處看，在大企業裡分工越來越細、工作越來越無聊，日日重複單調、持續、沒有成就感的程序。績效越好，負擔越重，做得越好，輪調越無望，宛如自我囚禁於知識和經驗的黑洞之中。從宏觀角度看，尤其在傳統產業和製造業，季節性的循環越來越僵化，雖然像是農業時代的春耕、夏種、秋收、冬藏，但卻沒有融入天地四季的農家樂。全年總是在招聘、效率、良率、出貨、裁員、清庫存、延長應付款、追貨款之中，無窮盡地循環輪迴、燃燒生命。

這種大企業中的小螺絲釘，沒有學習、沒有創意，遙望職涯前程，茫茫然不知所終，形成了「心理上的累」。

我現在「心理上的累」，跟員工的累是不同的。上市公司董事長必須承擔所有的責任，而這種壓力造成的累，遠甚於員工所承擔的。

情緒上的累

在工作場所中，生理和心理上的累有時免不了，但如果有個充滿關懷與快樂的工作環境，也可以為員工提供激勵、提高抗壓能力。

上班是可以很快樂的。在美國矽谷的高科技公司，生理和心理的壓力並不比傳統製造業小，因此這些公司都努力打造快樂的工作環境，讓員工能夠舒適、輕鬆，宛如在家中工作。在我接觸許多海峽兩岸的大企業之後，發現多數員工是不快樂的。如果比較物質條件和環境，當然比不上矽谷的高科技公司，但員工不快樂的原因，並非因為物質條件差，而是公司的文化氛圍。

東方文化使得企業慣用教導與羞辱的管理模式，加上鼓勵內部競爭、幫派文化、山頭主義，除了資源內耗之外，人與人之間的信任降低，背後放話、互相插刀，甚至在公開場合發生言語衝突。這種企業文化帶給員工「情緒上的累」，破壞力遠勝於「生理上的累」和「心理上的累」。

我重回職場面臨「情緒上的累」，來自不能對外人道的「內憂外患」，雖然是不同原因造成的，但是與員工相同之處，在於這些「情緒上的累」都是「人」造成的。

總而言之，我現在「生理上的累」是工作時間造成的，「心理上的累」是工作壓力造成的，「情緒上的累」則是「利害關係人」造成的。在退休之前，解決這「三累」的方法可以是換公司，也可以主動辭職，但如今重回職場，這兩種方法都不可行，只能像過河卒子一般，勇往直前。

高層離職的原因

在前述的同一篇文章中也提到，西方企業高層離職通常有兩個原因：一則是因為「當責」（accountability），二則是因為失去「自主權」（autonomy）。

東方企業的高層相對比較穩定，尤其是傳統產業。通常最高層都會形成一個「小圈子」，工作、生活、家庭，上班、下班都在一起，宛如一個「利益共同體」，外人很難打進去。東方企業的老闆通常不會主動開除這種小圈子裡的高層，因為「信任」與「默契」建立不易。而高層也鮮少主動離職，因為「媳婦熬成婆」的過程可是千辛萬苦，如何可以輕易放棄？

總結我過去三十五年的專業經理人經驗，前面三十年雖然在美商公司幹到金字塔頂端的位置，終究不是ABC（American-born Chinese，美國出生的華人），也沒有在美國長住，英文不是我的母語，因而無法輕易融入美國文化，要做到董事長或CEO是不可能的。最後五年加入台灣大企業集團擔任高層職務，畢竟不是當初一起打天下的隊友，很難進入「家臣」的小圈子，只能守本分地扮演「食客」的角色，所以妄想接班擔任董事長或是CEO，也是不可能的任務。

而今我重出江湖，擔任的可不是「高層」職務，而是「董事長」，過去無法實現的夢想，現在真實地實現了。然而，我也不能再像員工一樣以「離職」的方式離開公司，如何引退、重回第三人生，變成另一個問題了。

傳動與驅動

和椿公司成立於一九八〇年十一月，公司英文名字「Aurotek」是由三個英文字各取部分組成的，這三個英文字就代表了公司發展的策略方向。Au來自automation，ro代表robot，tek就是technology，分別是：自動化、機器人、科技。

在這個領域最關鍵的技術，就是「驅動」和「傳動」。

在人類歷史上，最早的驅動動力來源就是靠人力與獸力，隨著科技的發展，引進了蒸汽機、內燃機、油壓和氣壓等「力」的來源。隨著電力和電機的發明，上述動力源逐漸被各種馬達所取代，雖然成本更高，但好處是速度更快，精密度也更高。

驅動機構產生動力之後，則需要各種傳輸技術，將動力源改變轉速、高效傳輸、反轉，或是將「轉動」轉換成「直線往返運動」。

傳動與驅動這兩種技術，促成了歷史上幾次工業革命，這些能使人類增強力量與速度的科技結晶，我統稱之為「動能」產品。

而自從電腦發明以後，各種增強人類腦力和運算速度的科技和產品，包含個人電腦、筆記型電腦、平板電腦、智慧型手機、人工智慧、雲端計算、量子計算、大數據分析等，我統稱之為「智能」產品。

結合「動能」與「智能」技術所開發出來的產品，我把它稱之為「產品四．〇」。有興趣的讀者可以參考《創客創業導師程天縱的經營學》書中〈產品四．〇時代：日本再興起的機會〉一文。

人類會被自己發明的科技所取代嗎？

自動化、工業機器人，以及科技的出現，確實取代了依靠大量人力和獸力的工作，也創造了許多新的工作機會。雖然在ＡＩ技術和應用鋪天蓋地襲來的今天，人類開始擔憂被動能和智能科技所取代，甚至於被奴役，但我還是樂觀地認為，人類獨有的「生命」是科技無法取代的，而生命在各種人類創造的科技威脅之下，總會自己找到出路。

能力與動機

機器能力的成就依賴「傳動」與「驅動」，而人類的成就主要來自「能力」與「動機」。因此可以說，**能力就是人類的傳動技術，動機就是人類的驅動來源。**

我們先談能力。各種能夠威脅人類生存的科技，也能夠增強人類的能力，端看人類如何使用這些科技。如果人類沒有能力控制和駕馭這些科技，就有可能反過來被這些科技所奴役。

人類與機器對抗的策略，基本上有兩種：一是在「能力」上知己知彼，想辦法追上機器，二是在追不上的情況下，限制機器能力的範圍。

一、在增強機器能力的時候，也在加強教育人類，增強人類對抗機器的「能力」。

二、在發展對人類形成威脅的科技時，也在「科技治理」（technology governance）方面，訂出人類必須共同遵守的國際規範。

例如，在AI的研發方面，許多科學家呼籲，必須是「有助於人類的發展」，必須是「誠實、不可欺騙」，也必須「不得反噬和傷害到人類」。

但是，如果只在能力上與機器一較高下，就忽視了人類完勝機器的最大優勢：「動機」。如果沒有動機的驅動，縱使能力再強、武功蓋世，也不能夠適時適地地發揮出來。專業經理人要圓滿完成任務，除了要具備能力之外，更重要的是要有足夠的動機：動機是驅動力，能力是傳動系統。

而本書的主題就在於「管理者的養成」。在全書四十篇文章中，第一章有六篇介紹讀者們瞭解自己、進入「無我」的境界，以便找到強大的動機，驅動自己的各種能力，成為優秀的管理者。不論是對自己或對屬下，觸發強大的動機，才能有足夠的「意願」，帶動能力，繳出卓越的成果。

我的動機

此番再戰職場，雖然對自己的能力有很大的信心，但世界經濟的衰退、動蕩不安的政治環境，加上公司面臨的內憂外患，仍然會為我帶來「三累」：生理上、心理上、情緒上的疲累。但是身為董事長的我，卻無法像員工一樣，以離職來解除「三累」，只有設法為自己找到強烈的動機。

前面提到，企業高層離職的最大原因，是因為失去自主權，而如今擔任上市公司董事長，我卻有著極大的自主權。

我在已經出版的六本書中所提到的所有實務經驗，都是我在職涯中的親身經歷，但過去並沒有一個舞台，讓我將所有的經驗與想法整合具體實現出來。

過去幾個月，我花時間瞭解了公司的核心能力以及面臨的內外挑戰，因此，整體策略方向與解決方案已經在我腦海中成形。我相信，我的職涯最後一戰，是帶領和椿轉型，同時創造第二曲線的最佳機會。

這個強烈的動機，能夠讓我克服各種疲累，證明和成就自我。當我功成身退以後，將有更多的實際案例和經驗，與讀者們分享。請大家為我加油！

新商業周刊叢書BW0824

管理者的養成

調心性、增能力、順組織、定方向、解危機，程天縱的40堂主管必修課

作　　者／程天縱
編輯協力／傅瑞德
責任編輯／鄭凱達
企劃選書／陳美靜
版　　權／吳亭儀
行銷業務／周佑潔、林秀津、黃崇華、賴正祐、郭盈均

總 編 輯／陳美靜
總 經 理／彭之琬
事業群總經理／黃淑貞
發 行 人／何飛鵬
法律顧問／台英國際商務法律事務所　羅明通律師
出　　版／商周出版
臺北市南港區昆陽街16號4樓
電話：(02) 2500-7008　傳真：(02) 2500-7759
E-mail: bwp.service @ cite.com.tw
發　　行／英屬蓋曼群島商家庭傳媒股份有限公司　城邦分公司
臺北市南港區昆陽街16號5樓
讀者服務專線：0800-020-299　24小時傳真服務：(02) 2517-0999
讀者服務信箱E-mail: cs@cite.com.tw
劃撥帳號：19833503　戶名：英屬蓋曼群島商家庭傳媒股份有限公司城邦分公司
訂購服務／書虫股份有限公司客服專線：(02) 2500-7718；2500-7719
服務時間：週一至週五上午09:30-12:00；下午13:30-17:00
24小時傳真專線：(02) 2500-1990；2500-1991
劃撥帳號：19863813　戶名：書虫股份有限公司
E-mail: service@readingclub.com.tw
香港發行所／城邦（香港）出版集團有限公司
香港九龍土瓜灣土瓜灣道86號順聯工業大廈6樓A室
電話：(852) 2508-6231　傳真：(852) 2578-9337
馬新發行所／城邦（馬新）出版集團Cite (M) Sdn. Bhd.
41, Jalan Radin Anum, Bandar Baru Sri Petaling, 57000 Kuala Lumpur, Malaysia.
Tel: (603) 90563833　Fax: (603) 90576622　E-mail: services@cite.my

封面設計／FE Design・葉馥儀
內頁設計／無私設計・洪偉傑
印　　刷／鴻霖印刷傳媒股份有限公司
經 銷 商／聯合發行股份有限公司　電話：(02) 2917-8022　傳真：(02) 2911-0053
地址：新北市新店區寶橋路235巷6弄6號2樓

■2023年6月6日初版1刷
■2024年4月10日初版6刷

Printed in Taiwan

定價：440元（紙本）／300元（EPUB）

城邦讀書花園
www.cite.com.tw

ISBN: 978-626-318-674-3（紙本）　ISBN: 978-626-318-675-0（EPUB）

國家圖書館出版品預行編目（CIP）資料

管理者的養成：調心性、增能力、順組織、定方向、解危機，程天縱的40堂主管必修課／程天縱著. -- 初版. -- 臺北市：商周出版：英屬蓋曼群島商家庭傳媒股份有限公司城邦分公司發行, 2023.06
面；　公分. --（新商業周刊叢書；BW0824）
ISBN 978-626-318-674-3（平裝）
1.CST: 管理者　2.CST: 企業領導
3.CST: 組織管理　4.CST: 職場成功法
494.2　　112005922

線上版讀者回函卡